海の変な生き物が教えてくれたこと

清水浩史

光文社新書

はじめに

澄んだ空、輝く海は、そこになかった。

空は灰色の雲が覆い、海は鈍色《にび》をしている。強い波が絶え間なく押し寄せ、風が吹き荒ぶ《すさ》。呆《あき》れるほどに執念深く、霧雨が降りつづく。

ある夏の日、北海道の礼文島《れぶんとう》を訪れた。島の北部にある大備《おおそなえ》海岸をあてどなく一人で歩く。波音だけが響きわたる静寂の海岸には、誰もいない。

もう引き返そうかと、逡巡《しゅんじゅん》する。しかし悪天候であっても、海辺にたたずむことは心地いい。寄せては返す強い波が、砂浜に散らばる貝殻を艶《つや》やかに洗う。貝殻はエゾタマキガイなどの二枚貝が多いようだ。

砂浜に目を凝らしながら歩いていると、貝殻に「丸い穴のあるもの」がぽつぽつと見つかる。これは「穴あき貝」と呼ばれ、ツメタガイに食べられてしまった跡だ。巻貝であるツメタガイは、肉食性で「厄介者」とされる。貝同士なのに二枚貝が大好物で、覆い被《かぶ》さるようにして相手を包み込んでしまう。ツメタガイに襲われた二枚貝は、もう逃げられない。ツメタガイはヤスリ状の歯（歯舌《しぜつ》）で相手の殻をガリガリと削って、小さな穴をあける。その穴から二枚貝の中身を食べてしまう。

「穴あき貝」の貝殻を眺めていると、少し切なくなる。

食べられてしまった二枚貝の悲鳴が聞こえてくるようだ。ツメタガイに襲われた貝は、いったい何を思うのだろう。ツメタガイから逃れられず、貝殻を抉《えぐ》られて食べられてしまう。自然の摂理とはいえ、捕食者が相手をじわじわと死に至らしめることを考えると、じつに残酷だ。砂浜に「穴あき貝」の貝殻が点々と散らばっているのは、ツメタガイによる多くの「惨劇」があったことを物語っている。

しかし、どうだろう。

「穴あき貝」の穴をしげしげ眺めると、何とも美しい。まるでドリルで丁寧に穴をあけたような、精巧さ。残酷な穴でありながら、可憐《かれん》な穴だ。手にした貝殻の穴を測ってみると、直

「穴あき貝」が散らばる大備海岸（北海道・礼文島）

径七、八ミリほどの正円だった。「穴あき貝」の貝殻には、穴をあけて食べたツメタガイ、襲われた二枚貝の「生の痕跡」がありありと漂っている。その穴の美しさは、無残にも食べられてしまった貝への鎮魂のようにも思えてくる。「穴あき貝」の貝殻を手にして、そっと片目にあててみた。

穴越しに海を眺めてみる。

穴の先にあるのは、「小さな海」だ。「小さな海」をよくよく眺めていると、不思議な世界へ導かれるような思いがする。小さな穴を通じて見るからこそ、穴の先にあるものを注視したくなる。小さな貝殻の穴は、海の生き物が織りなす営みにもっと目を凝らせ、耳を澄ませと誘《いざな》ってくれるかのようだ。

もう四〇年余りも前のこと。

私は小学生のときに、海の魅力を知った。当時は銀行員だった父の転勤で、五年ほど香港で暮らしていた。従業員の福利厚生に大らかな時代だったのか、会社は小型船舶を所有していた。そのため父は、毎週のように私を海へ連れ出した。父自身が愉《たの》しみたかったのだろう。たとえ私が嫌がっても海へ連れ出した。当時の香港は船を少し走らせると、美しい海や島々がいつも出迎えてくれた。

帰国してからの中学、高校時代は、すっかり海が縁遠くなってしまった。その鬱憤《うっぷん》を晴らすかのように、大学ではダイビング部に所属。国内外の海や島へ頻繁に出かけるようになった。社会人になっても時間を工面しては、季節を問わず海や島へ通いつづけた。素潜《すもぐ》りやダイビング、波乗り、島旅、海水浴、磯遊び……と海に親しめることであれば、何だって愉快だった。いや海へ出かけると、何もしなくても愉しい。

不思議なことに、海は飽きない。何かと飽きっぽい私は、これまで数々のことを途中で放り出してきた。習い事も運動習慣もつづかない。長らく籍を置いていた大学院での研究にも飽き、会社での仕事も数年すれば飽きてしまう。仕方なく転職を繰り返したものの、四〇代後半になると会社勤めにも飽きてしまった。以降はフリーランスとなり、出版業界で細々と働いている。もしかすると海が偉大な存在ゆえに、海のこと以外は遠からず飽きてしまうのかもしれない。

そんな半生を振り返ってみると、海の魅力は二つに集約されるように思える。

海の水に浸《つ》かる心地よさ、海の生き物の多様さ、だ。

海に浮かんでいると静かな心持ちになり、多幸感に包まれる。そして何かしらの生き物が出迎えてくれる。独身かつ友人の少ない私は、いつも一人で海へ出かける。多様な生き物との出会いがあるため、孤独はいっさい感じない。たとえ何かつらいことがあっても、生き物と「対話」すれば不安や悩みは洗い流される。

そう、海の愉悦は、幾つになってもかけがえのないものだ。

海へ出かけられないときは、水族館に足を運ぶのもいい。

海と水族館は、「車の両輪」だ。ゆったりとした水族館の雰囲気に浸《ひた》っていると、ふらりと海へ行きたくなる。海に出かけると、また水族館を訪ねたくなる。旅に出ると好奇心がくすぐられて、図書館や書店に通いたくなることと似ている。

このように長らく海に親しんできた経験を通じて、本書ではしみじみと不思議さを感じる一〇の生き物を厳選した。もちろん海の生き物に優劣はなく、すべて愛おしい存在だ。ただ私の場合は「(一見すると)地味な生き物」「厄介者とされる生き物」「一癖あるような生き物」に強く惹《ひ》かれる。「海の人気者」よりも「地味で一癖ある生き物」のほうが、自分自身とも重ね合わせやすい。じつに親近感がわくのだ。控えめな存在であるからこそ、その滋味深さにも魅せられる。

本書ではそんな生き物を「海の変な生き物」として取り上げたい。

「奇妙さ」「異形《いぎょう》」をことさら強調するのではなく、海の生き物の持つ「豊かさ」に焦点をあてたい。また実際に生き物に親しむことを重視し、生態や民俗(生き物とヒトとのかかわり)をめぐって各地を探訪する。そして生き物が秘めている「不思議さ」「智慧《ちえ》」に着目し、今を生きる私たちに問いかけてくることを照らし出してみたい。

海を訪れると、いつも心地よい懐かしさに包まれる。

遠い夏の記憶や眠っていた感覚が不意に呼び覚まされ、内面の瑞々《みずみず》しさを取り戻せるのだろう。そんな懐かしさとともに、「感覚の目」を見開きたい。

何もないように思えた海から、やがて多くの生き物の息づかいが聞こえてくる。

水納島の砂浜。奥の島影
は伊江島（沖縄）

海の変な生き物が教えてくれたこと

目次

【凡例】

・魚の大きさは全長ではなく体長（標準体長）として、おおよその数値を表記した。

・各地の状況は主に二〇二三年七月から二〇二四年九月にかけて取材・撮影した。水族館における展示生物は、取材した当時のもの（オニオコゼを写真に収めた広島県のマリホ水族館は、二〇二四年一二月一日をもって閉館した）。

・本書の引用文における〔　〕は、引用者による補足を示す。

本文デザイン：熊谷智子

第1章 モテなくても構わない

すべての人間の悪は孤独であることができないところから生ずる。

三木清『人生論ノート』

我が物顔で生きる

ゴマモンガラ

Balistoides viridescens

フグ目
モンガラカワハギ科

ゴマモンガラ（かごしま水族館）

粗野を貫く生き方

ヒトはみな、何かしらの「醜さ」を抱えている。

多分に自分で思い込んでいるだけの外見上のこともあれば、利己的な欲といった内面的なこともある。ただ、そんな「醜さ」をヒトは得てして押し隠す。羞恥心《しゅうちしん》が生じるからだ。

しかしゴマモンガラという魚は、醜さを隠さない。

すべてをさらけ出して生きているように思える。ブサイクにも映る不気味な外見、旺盛な食欲、気性の荒さ、攻撃性、落ち着きのなさ……と、嫌われそうな要素を何ら恥じることなく、包み隠さず生きている。まるで理性をすべて脱ぎ去って、情感だけで生きているように映る。しかし恥じらうことを知らない潔さが、却《かえ》って美しく感じるから不思議だ。

ゴマモンガラは、関東以南の温暖な海域に生息している。とりわけ奄美や沖縄地方のサンゴ礁では、しばしば目にすることができる。よく遭遇するのは、何より目立つからだ。ゴマモンガラはモンガラカワハギ科の最大種で、体が大きい。体長七、八〇センチほどにまで成長する。しかも体が厚い。丸々と太っているため、餡子《あんこ》をぱんぱんに詰め込んだ「たい焼き」のような風貌だ。体の皮は硬くて分厚く、名の通りゴマ模様の斑点がある（とくに幼魚はゴマ模様の特徴が顕著に表れる）。

体の色合いも、じつに微妙だ。全体的にくすんだ黄色と灰色が混じり合っているような色模様で、華やかさはない。同じモンガラカワハギ科であるモンガラカワハギやムラサメモンガラは鮮やかな色彩を纏《まと》っているので、ゴマモンガラの「野暮《やぼ》ったさ」は突出しているように感じられる。

つづけよう。

ゴマモンガラの風貌でとくに目を惹くのは、顔まわりだ。

体の半分近くありそうな、ダイナミックで大きな頭。丸い大きな目は半球状に突き出ており、カメレオンのようにきょろきょろと動く。白目には何本もの黒い筋が放射状に刻まれており、愛嬌を感じるような目ではない。その目は「血走った目」のようにも映り、「もしや怒っているのか」と見る者を不安な気持ちにさせる。

そして大きな口に、ぼってりとした太い唇。ゴマモンガラはいつも口を半開きにして泳いでおり、口先から頑丈な歯がちらちらと覗《のぞ》く。上下二本ずつの前歯は、とりわけ大きく尖《とが》っている。半開きの口は、「何だ、オラァ」と恫喝《どうかつ》してくるような荒っぽさを感じる。

そう、ゴマモンガラは〝完璧〟だと思う。

ヒトの一般的な感覚でいうと、何もかもが「美しさ」とは真逆につくられている。しかも

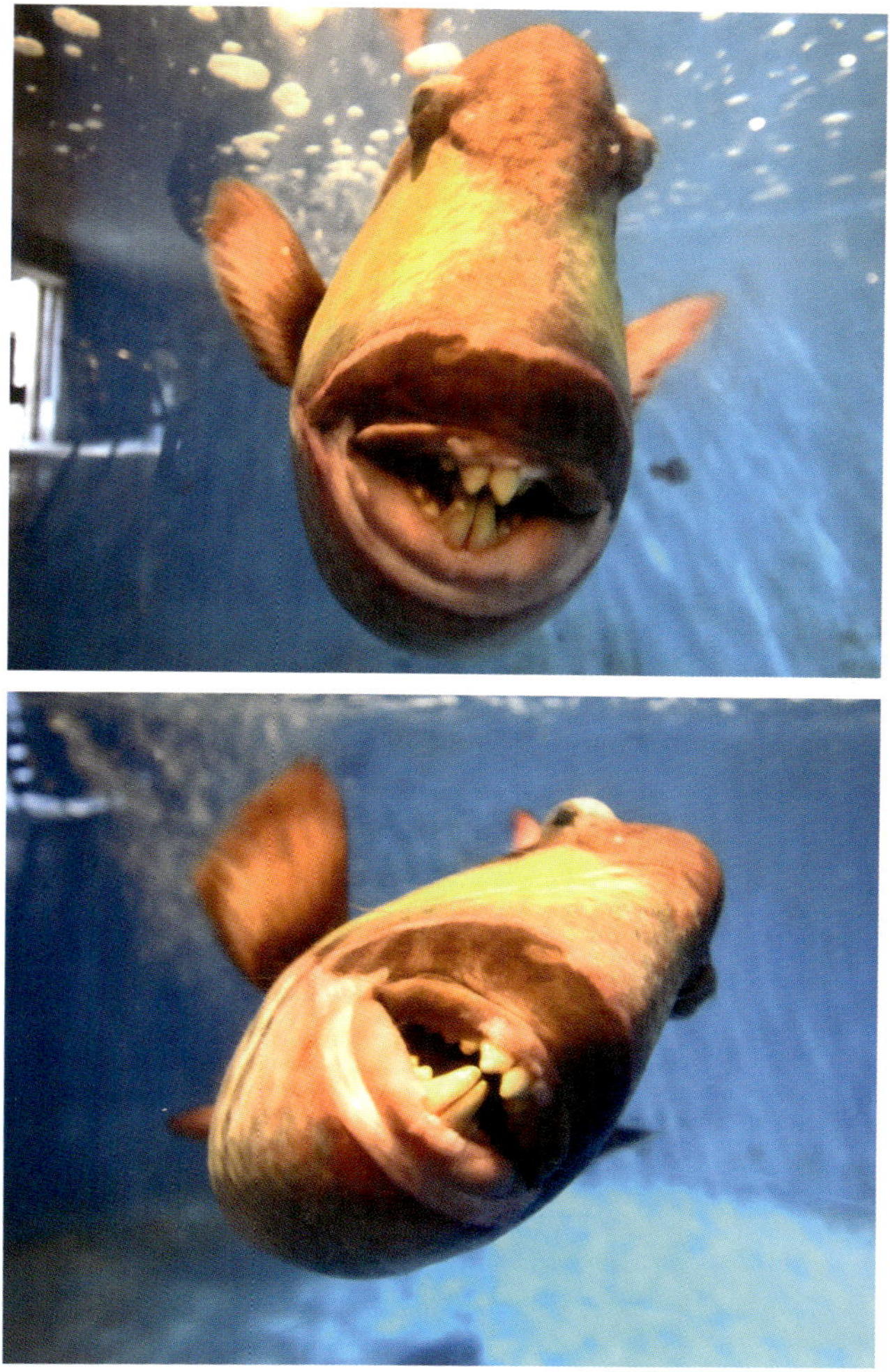

頑丈な歯を覗かせるゴマモンガラ（沖縄・黒島研究所）

外見的なことだけではなく、性格や行動にも「上品さ」をいっさい感じさせない。「好感度」を完全に排除して、粗野を貫いている魚だ。その潔さが清々《すがすが》しい。

ダイビングやシュノーケリングの愛好家は、ゴマモンガラを「厄介者」として認識していることが多い。水中では余程のことがない限り、たとえサメであってもヒトが襲われることはない。なのにゴマモンガラだけは、不用意に近づくと襲ってくる。いや、そこそこ距離を空けているつもりでも、下手をすると襲ってくる。ゴマモンガラはヒトを恐れず、オラオラと威嚇《いかく》してくるのだ。

とりわけ夏のゴマモンガラは、繁殖期のため危険だ。海底に産卵床をつくって、卵を守っている。縄張りである産卵床に近づく魚やヒトを追い払うべく、攻撃的に突進してくる。

かつて私も西表島《いりおもてじま》（沖縄県）の浅瀬で、激しく攻撃された。八月にシュノーケリングをしていると、体長六〇センチは超えるであろうゴマモンガラが威嚇してきた。フィン（足ヒレ）で追い払うしぐさをしたのがいけなかったのか、ゴマモンガラの怒りに火をつけてしまった。

ゴマモンガラは私という「敵」に狙いを定めると、ゆらゆらと近づき、途中で一気に加速して真っすぐに突進してくる。そして、いったん後退して「敵」と距離を置く。ゴマモンガラは「敵」から目を逸《そ》らすことなく、再度ゆらゆら近づいてきたと思ったら、またもや一気に加速して突進してくる。身体《からだ》に噛みつかれては大怪我をする。追い払おうとしたフィンに、ゴマモンガラはガブリと噛みついてきた。

いけない。ゴマモンガラの怒りは沸点に達している。危険なのでゴマモンガラから目を逸らさず、ゆっくりと後ずさりするように泳いで遠ざかる。しかし以降も、なかなかゴマモンガラの怒りは収まらなかった。当初の場所から相当離れたのに、まだまだ追ってきて何度も攻撃を仕掛けてくるとは、何という執念深さか。ゴマモンガラは口を大きく開けて、鋭い歯をむき出しにして突進してくる。辛うじて悍《おぞ》ましい攻撃から逃れて無傷で済んだものの、心的外傷（トラウマ）を負ってしまいそうな出来事だった。

とかくゴマモンガラはヒトを恐れない。

そして、じつに執念深い。

西表島の経験で懲りた私は、以降ゴマモンガラに出会うと、ゆっくりと遠ざけて泳ぐようになった。それでもたまに威嚇してくることがあるので、もはや呆《あき》れてしまう。ゴマモンガラは繁殖期に攻撃性が高くなるものの、もともと気性が荒くて「キレやすい性格」なのではないかと感じる。それと同時に気まぐれな性格で、機嫌がいいのか、ヒトにいっさい関心を払わずに目の前を横切っていくこともある。

ダイビング中に何やらガリガリと海底から音がすると思ったら、ゴマモンガラがしきりにサンゴや岩をかじっていることもある。岩陰などに隠れている生き物を漁《あさ》っているのだろう。ここでも執念深く、何度も何度も、かじる動作を繰り返す。ゴマモンガラは頑丈な顎《あご》と歯でウニやカニ、貝類をも噛み砕く。気性だけでなく、食事風景も何だか荒っぽい。

何もかも粗野なゴマモンガラ。

なのに憎めないのは、なぜだろう。

それは人目も憚《はばか》らず、自らの生を存分に生きているように感じられるからだろう。歓声を上げて走り回る子どもを微笑ましく思うような心情だ。子どもはいつも、その瞬間を全力で生きている。

きっと、そうだ。何も隠し事をしない奔放なゴマモンガラに、ヒトは羨望のまなざしを向けてしまうのだろう。そもそも立派な大人、完璧な大人というのは、意外に信用できないものだ。周囲の目を意識しつつ、どこか自分を取り繕っているようにも感じられるからだ。何かしらの虚像、あるいは隠された裏側をついつい推察してしまう。ゴマモンガラのように包み隠さず粗野であるほうが、却って信用できるのではないか。

ゴマモンガラに近づきたい

海で頻繁に出会うゴマモンガラ。なのに威嚇されることもあって、おちおち近づくことができない。やはり水族館で、じっくり観察したい。

しかしゴマモンガラを飼育している水族館は、国内にほとんどない。気性の荒さもあって、なかなか飼育しにくいようだ。二〇二三年一二月、かごしま水族館（鹿児島市）を訪れると、やっと出会えた。

おお、ゴマモンガラ――。

巨大な水槽にもかかわらず、すぐ目に飛び込んできた。体長は五、六〇センチほどだろうか。我が物顔でずんずんと水槽内を突き進むゴマモンガラは、やはり目立つ。海と違って、ゴマモンガラを心おきなく観察できる場所は本当にありがたい。

水槽の案内板によると「（餌《えさ》は）魚の切り身、オキアミの他にレタスも食べる」とある。「（ゴマモンガラは）他の魚を押しのけるようにして餌を食べる」とも添えられている。

やはり粗野を貫くゴマモンガラだ。

泳ぎ方については「背ビレと尻ビレを同じ方向に動かす」と示されている。たしかにゴマモンガラは、背ビレと尻ビレを小刻みに揺らめかせるのではなく、同じ方向に大きく動かす。

そのため、ゆらゆらというよりも、ずんずん力強く泳ぐ格好となる。

それにしても、ゴマモンガラは落ち着きがない。

水槽の中層をオラオラと泳ぎ回る。そして平らな岩場で、体をごろんと横たえる。岩にもたれかかるのではなく、真横になってじっとしている。死んでしまったような姿だ。きっとホンソメワケベラ（掃除魚《そうじうお》）に、体の掃除をしてもらいたいのだろう。しかし待ちきれずに、むくっと起き出して、またずんずん泳ぎはじめる。下層に泳いでは、ガリガリと岩をかじる。上層に浮上したと思ったら、海水が吐き出される管（水槽の水を循環させる管）の下で、じっと動きを止める。ごぼごぼと水が流れ込んでくる場所は泡立つため、マッサージ効果もあるのだろう。

水槽内にいる他の魚はゆらゆらと泳いで、ゆったりと過ごしている。なのにゴマモンガラだけは落ち着いていられない。ゴマモンガラの動きは、協調性というものを微塵《みじん》も感じさせないのだ。

落ち着きのない子どもを諭《さと》すように、思わず言葉を発したくなってくる。

「ドタバタしないで。少しはじっとして」と。

そんな心の声もむなしく、ゴマモンガラはオラオラと泳ぎつづける。

口を半開きにして泳ぐゴマモンガラ（かごしま水族館）

もしかするとゴマモンガラは、子どものように好奇心が旺盛なのかもしれない。

そもそもフグ目《もく》の魚（フグやカワハギの仲間、ゴマモンガラも含む）は、得てして好奇心が強い。海で泳いでいると、ヒトにふらふらと近寄ってくることは多い。「アンタ、何してんの？」といった面持《おもも》ちで、ヒトに興味を示してくれる。ゴマモンガラはその中でも、ひときわ好奇心が強いのだろう。

もしやゴマモンガラがヒトをオラオラと威嚇するのは、「おもしろいから」ではないか。繁殖期は別にしても好奇心が旺盛だからこそ、ヒトを「からかいたくなる」のではないか。落ち着きなく泳ぐゴマモンガラを眺めていると、「何か余計なことをしたくてたまらない」といった心持ちではないかと思えてくる。

体長一〇センチほどの未成魚だろうか。

同じ水槽には、小さなゴマモンガラも飼われていた。あどけなさが残る表情は、ちょっと愛らしい。成魚のように我が物顔で泳ぎ回ることはせず、ずっと岩場にいる。ただ頭を下に向けて、しきりに岩をガシガシとかじっている。水族館なので餌は十分に足りているはず。なのに、やはりじっとしていられないのだろう。幼いゴマモンガラであっても、落ち着きのなさ、荒っぽさの片鱗が窺《うかが》える。

そういえば以前、奄美大島（鹿児島県）でダイビングをした際に、体長一五センチほどの小さなゴマモンガラに出会った。「この大きさなら大丈夫だろう」と、喜々としてゆっくり近づいてみた。一向に逃げないので、「友達になれるかも」との予感があった。

しかしゴマモンガラは顔をゆっくりとこちらに向けたかと思うと、大きく口を開けて頑丈な歯をむき出しにしてきた。ああ、やはり小さなゴマモンガラでも気性は荒かった。小さな子どもに「何だテメェ」と威嚇されたような思いがして、すっかり気分が萎《な》えてしまった。

黒島研究所のゴマモンガラ

水槽で心おきなくゴマモンガラを眺めるのは、癖になる。

二〇二四年一月、沖縄県の黒島《くろしま》（竹富町）を訪れた。黒島は石垣島から定期船で約三〇分。小さな島には、黒島研究所という水族館（兼博物館）がある。（ＮＰＯ法人）日本ウミガメ協議会によって運営されており、ウミガメをはじめとした海洋生物の研究をおこなっている。その施設は一般に公開されており、黒島の観光名所になっている。

屋外にあるプールのような水槽では、ウミガメやサメがゆったりと暮らしている。黒島研究所は開放的な飼育施設であるため、生き物を間近で観察できる。

屋内の湯船のような水槽に、ゴマモンガラがいた。ぽつんと一匹だけで水槽に飼われている。体長は六〇センチくらいだろうか。しゃがんで顔を近づけると、水槽のガラス面を挟んで対面できる。ゴマモンガラは口を大きく開けて、頑丈な歯をむき出しにする。「敵から目を逸らすな」というのは、ヒトが危険を回避するための定石《じようせき》だ。ゴマモンガラも同じなのだろうか。遠くから観察していると、ゴマモンガラは水槽を行ったり来たりして泳ぐ。なのにヒトが顔を近づけると、ゴマモンガラも必ず正対する。目を逸らさず、威嚇するように口を大きく開けるので、迫力満点だ。

水槽に掲げられた案内板には、次のように示されていた。

この〔ゴマモンガラがいる〕水槽は自然の海のように岩をレイアウトし、魚だけでなくヒトデやエビ・カニも住んでいました。しかし、硬い殻をもつ大型のエビも〔ゴマモンガラが〕食べてしまうため、エビは隣に引越ししました。本来、魚は食べないはずのヒトデも、ある日いなくなっていました。そして、岩を持ち上げて隠れている餌を探すため、丁寧にレイアウトした石もすぐに壊してしまいます。このため、飼育員が諦めてしまいました。

「何もない水槽」にいるゴマモンガラ（沖縄・黒島研究所）

と、これまでのゴマモンガラによる「惨劇」が伝わってくる。

そして今や、ゴマモンガラの水槽には何もない。他の生き物もいなければ、砂も石も敷かれていない。空っぽの水槽に、一匹のゴマモンガラだけが揺らめいている。

まじまじとゴマモンガラを観察したい。

真正面から口を眺めると、やはり頑丈で大きな歯だ。何かに噛みつきたくて仕方がないのか、大きく尖った上下二本の前歯をむき出しにする。大きな口とぼってりした太い唇は、豪胆であることを物語っているかのようだ。顔の左右からぽこっと飛び出した大きな目が、きょろきょろと落ち着きなく回転する。

黒島研究所の中西悠《なかにしゆう》研究員（学芸員）に、ゴマモンガラの話を聞かせてもらう。

「水槽にゴマモンガラ以外の生き物や底砂を入れていないのは、本当は殺風景なんですけど……」と、これまでゴマモンガラの飼育に手を焼いてきたことを話してくれる。たしかに、一匹だけが飼われている水槽、砂利も敷かれていない空っぽの水槽は、ゴマモンガラの水槽だけだ。

「ちょっと、やってみましょうか」

案内板にゴマモンガラが描かれている（沖縄・黒島研究所）

といって、餌のアサリをぽとりと水槽に落としてくれた。

すぐさまゴマモンガラは、底に落ちたアサリを正視して狙いを定める。

館内に大きな音が響いた。

がりっ、がりっと、一気に平らげる。身だけを食べて、砕けた貝殻は、ぽいと口から吐き出す。一瞬の出来事だ。

中西研究員は「やっぱり、おもしろい魚ですよね」と、ゴマモンガラへの愛着を表す。そういえば黒島研究所の入口を指し示す案内板には、ゴマモンガラの手描きイラストが添えられていたことを思い出す。一般的には「厄介者」と認識されている魚なのに、なぜ敢えてゴマモンガラを描いているのか不思議だった。

その理由を問うと、ウミガメやサメといった「人気者」以上に、ゴマモンガラは研究所の「顔」になっているそうだ。とりわけ子どもたちにはゴマモンガラが大人気だそうで、今では「館内のアイドルですね」という。

やはり子どもの感受性は豊かだ。「かっこいい」「かわいい」といった感覚では到底捉えられない、ゴマモンガラの不可思議さを感じ取るのだろう。

中西研究員によると、黒島研究所のゴマモンガラは一〇年ほど館内で生きているという。意外に長生きするようだ。このゴマモンガラが捕らえられたのは、まさに黒島の海。夜、ゴマモンガラが岩場で体を横たえていたため、前任者が抱きかかえるようにして研究所に運んだという。おそらく眠っていたとはいえ、気性の荒いゴマモンガラを抱きかかえる勇ましさには感服だ。

黒島研究所では、次世代のゴマモンガラも育っている。

体長は二〇センチに満たないくらいだろう。屋外の水槽で、小さなゴマモンガラが飼われている。ウミガメやツバメウオなどに交じって、ゴマモンガラも仲良く暮らす。まだ幼さが残り、他の生き物を攻撃することはなさそうだ。

それでも水槽にいる他の魚と比べると、やはりゴマモンガラは好奇心が旺盛なのか、落ち着きがない。水槽を覗き込む私に近寄ってきては、すぐに興味を失ってプイと泳ぎ去る。円形の水槽をぐるぐると泳いで「何かおもしろいことはないか」と、つねに探し回っているように映る。

ふと気づくと、水槽から小さなゴマモンガラの姿が消えた。

水槽内をくまなく探して、ようやく見つかった。

水槽の底に体を横たえて、寝そべっている。

寝そべっているのは、ウミガメの前肢《ぜんし》の下だ。ウミガメに踏みつけられるようにして、体を横たえている。ご存じのようにウミガメの前肢はヒレのように、ぺたんと平らな形をしている。それを掛け布団のようにして、ゴマモンガラは寝そべっているのだ。ウミガメに抱かれているような心地よさなのか、ゴマモンガラは体を横たえてじっとしている。ウミガメが「もういいでしょ」と呆れて動き出すまで、ゴマモンガラはその体勢を保っていた。

粗野と孤高

ゴマモンガラの身は食べられるという。しかも意外に美味だそうだ。

ほとんど市場に出回らないため私は未食だが、沖縄県などでは稀に食べられている。ただ皮が厚くて調理が面倒なため、積極的に獲って食べる魚ではないという。

黒島研究所がある黒島でも、「(ゴマモンガラは)美味しいさ」と島民は話してくれた。わざわざ獲る魚ではないが、たまたま獲れれば食べるとのこと。潮が引いたときに岩場でタコを獲っていると、稀にゴマモンガラが岩穴に隠れているそうだ。尾の付け根を手で掴《つか》んで、岩穴から強く引っ張り出せば捕まえられるという。

ただしゴマモンガラには、第一背ビレがある(頭の近くにある背ビレ。普段は寝かせていることが多い)。ヒトが岩穴から引っ張り出そうとすると、ゴマモンガラはこの背ビレ(と小さな腹ビレ)を旗のようにピンと立てる。そうして岩の隙間《すきま》に体を固定するのだ。そのため岩穴からゴマモンガラを引っ張り出すのは、苦労が大きいという。


黒島研究所では「アイドル」として人気を博すゴマモンガラ――。

なのに、雑言《ぞうごん》を綴《つづ》りすぎたかもしれない。

最後に、ゴマモンガラの凛々《りり》しさを見てみよう。

ゴマモンガラは繁殖期を除けば、単独行動を好む「一匹狼」だ。

我が物顔で生きるゴマモンガラは、群れることをよしとしない生き物だ。好奇心が旺盛で気性も荒いため、仲間と一緒ではのびのびと生きられないのかもしれない。

　ダイビングをしていると、ゴマモンガラの孤高さは群を抜いているように思える。海中には魚が群れている場所と、まったくいない場所がある。「ここはハズレか。魚が全然いないな……」と油断していると、不意に一匹のゴマモンガラがずんずん近づいてきて、泳ぎ去っていくことがある。あるいは魚がいない岩場で、一匹のゴマモンガラだけが一心不乱にサンゴや岩を噛み砕いている姿を目にする。

　ゴマモンガラには「どこだって一人で生きていける」「何者にもおもねらない」といった、強さや自信がみなぎっているように感じる。

　ゴマモンガラは、ヒトを諭すかのようだ。

　自分の外見なんて気にするな。内面さえも気にするな。

　世間体なんて関係ない。興味の赴《おもむ》くままに我が物顔で生きよ、群れるな、と。

　ゴマモンガラを観察していると、誰かの顔色を窺うような生き方がばかばかしく思えてくる。そもそも群れたがる性向の人間と行動をともにすると、ロクなことがない。諍《いさか》いの多くは、ヒトが群れることによって生じるものだ。

　イギリスの小児科医・精神科医であるドナルド・ウィニコットは、「一人でいられる能力」

の重要性を説いた。「一人になることの恐怖」や「一人になりたい願望」といった観点ではなく、いかに「一人でいられる能力」を育むかに焦点をあてた。ウィニコットは「一人でいられる能力」は高度に洗練された現象であり、情緒的成熟と密接に関連していると結論づけている（「一人でいられる能力」『完訳　成熟過程と促進的環境』）。

あるいは哲学者の三木清も『人生論ノート』において、「すべての人間の悪は孤独であることができないところから生ずる」と綴っている。

そう、たとえ誰かと暮らそうが、多くの人々の中で働こうが、一人でいられる能力、孤独を優雅に保てる能力が重要だ。もちろん、一人ぼっちであっても構わない。

もし生きづらさを抱えた際は、ゴマモンガラの生き方を思い返したい。

気の向くまま、一人で旅立つ勇気がじわじわとわいてくる。

嘲笑されても動じない

オコゼ

Inimicus japonicus

カサゴ目（スズキ目カサゴ亜目）
オニオコゼ科

オニオコゼ（広島・マリホ水族館）

「醜悪」という魅力

ヒトを見た目で判断してはいけない――。

と、誰しもわかっている。

しかし美しさや格好よさといった容姿の魅力は、学校や職場などの人間関係において、多かれ少なかれ影響をおよぼしていることも否定できない。とりわけ若い頃は人生経験の少なさもあってか、ややもすると外見をとかく重視しがちになる。

私自身は見た目で得をしたことなど一度もないが、気をつけたいのはコンプレックスだ。外見上の「持たざる者」が「持てる者」に、ついつい妬《ねた》みや劣等感を抱いてしまう。そもそも若い頃の劣等感は、自分の勝手な思い込みにすぎないことが多い。ただ中高年の私であっても、自身のぽっこりした腹がみっともないと気にしてしまう。見た目の意識は幾つになっても、なかなか根深いものだ。

ヒトの外見上の優劣なんてたかが知れている――と、あらためて認識したい。

海や水族館に出かけて、オコゼを眺めよう。

オコゼといえば、一般的にはオニオコゼのことを指す。

オニオコゼという名は、「鬼のように醜い魚」に由来するといわれる。古語の「オコ」は

白っぽい体色のオニオコゼもいる（福井・越前松島水族館）

奇怪で醜いこと、「ゼ」は魚名語尾を指している。オニオコゼは魚の中でもひときわ「醜い魚」として、いにしえの人々は名づけたのだろう。

　オニオコゼは目が飛び出し、下顎《したあご》が突き出た大きな口をしている。大きな頭はゴツゴツ、ブツブツして、体表には多くの皮弁《ひべん》（藻のような皮膚の柔突起《じゅうとっき》）がある。オニオコゼには失礼ながら、ややグロテスクさを感じさせる容貌かもしれない。

　オニオコゼは砂利や岩に擬態して、海底に潜んで暮らす。擬態するために体色は一様ではないものの、褐色《かっしょく》など海底に紛れ込みやすい地味な色をしている。

　醜いものの代名詞のように扱われてきたオニオコゼは、いつも堂々としている。泰然自若《たいぜんじじゃく》として、海底でじっとして動かない。目と口だけを出して、砂に潜っていることもある。岩や砂に紛れ込んでいる「自分」を信じ切っているのだ。じっとして、餌となる小魚やエビなどの獲物が現れるのを待ちつづける。たとえ外見が見劣りしても、「自分を信じて動じないこと」が生き延びる術《すべ》に違いない。

いったい醜いということは、本当に否定的なことなのだろうか。

オニオコゼを水族館で眺めていると、たしかに麗《うるわ》しさは感じない。それでも食い入るように見つめたくなるのは、生き物としての魅力を感じるからだ。醜さというのはじつに曖昧《あいまい》で、相対的な価値観だ。そもそも「真の美しさ」というのは優越的なものではなく、美醜を超越したところに宿るものなのではないか。ならば外的な美醜を気にしすぎず、オコゼのように堂々と生きたい。

美醜の包摂

民俗学において、オコゼは最も「頻出する魚」といっても過言ではないだろう。古来、山の神はオコゼを好むと語り継がれているからだ。室町時代から江戸時代の『御伽草子《おとぎぞうし》』などの文献にも伝承は記されている。

農家にとっての山の神は、五穀豊穣《ごこくほうじょう》をもたらしてくれる神だ。春になると山の神が降りてきて田の神となり、秋には山へ戻っていくとされる。樵《きこり》や猟師にとっての山の神は、森の恵みや熊・猪などの獲物をもたらしてくれる神だ。

博物学者として知られる南方熊楠《みなかたくまぐす》は、一九一一年に「山神オコゼ魚を好むということ」という論文を発表した。それを契機にして、民俗学者の柳田國男《やなぎたくにお》との交流がはじまる。柳田も同じ頃に「山神とヲコゼ」という論文を発表しており、両者は約一五年にもわたって書簡（手紙）を交わした。以降、「山の神はオコゼを好む」という伝承は、民俗学において広く知れわたっていく。

実際に熊楠自身も「研究のために探している貴重な苔《こけ》が見つかれば、オコゼを献上します」と、山の神に願ってみたことがあったという。

すると、どうだろう。

探していた苔の群生地が、難なく見つかった。そのため後日、熊楠は山の神にオコゼを供えたという（「山神オコゼ魚を好むということ」『南方熊楠文集1』）。

そもそも山の神は、女性（女神《めがみ》）であるとされる（一部の地域では男神、男女《おめ》の神のケースもある）。加えて山の神である女神は、醜女《しこめ》であるという伝承は多い。女神は嫉妬深く、「自分よりも醜いものを見ると悦ぶ」という。醜い顔をしたオコゼを山の神に供える風習が各地

猟師が「お守り」にした乾燥オコゼ（岩手・遠野市立博物館）

に残っているのは、醜女である女神を悦ばせるためだ。また女神が好むオコゼは頭が大きいために、男根を象徴しているという捉え方もあるようだ。

山の神は、神々しい存在――というより、いかにも通俗的に語り継がれているところが興味深い。

山の神はオコゼを好むため、山に入る猟師は乾燥させたオコゼを紙に包んで持参する習わしがある。たとえば岩手県の遠野市立博物館には、実際に「狩りのお守り」として用いられたオコゼが展示されている。あるいは山の神を祀《まつ》っている祠《ほこら》に、オコゼを供える神事《しんじ》も各地で受け継がれてきた。

このように山の神とオコゼの関係性は、民俗学の知識として触れる機会が多い。

しかし今日《こんにち》においては、どうなのだろう。

山の神にオコゼを捧げる神事は、今でも本当に存在しているのだろうか。実際に目にすることはできるのだろうか。

あれこれ文献や新聞記事を調べてみると、どうやら三重県の紀北町《きほく》や尾鷲市《おわせ》では、オコゼを祀る神事が色濃く残っているようだ。ただし山の神を祀る神事は一年に一回（年に二回の地域もある）、しかもわずかな時間で終わってしまう。山の神を祀っている祠がどこにあるのかも、よくわからない。

オコゼを供える尾鷲の神事

静かな無人駅に降り立った。

船津《ふなつ》駅（紀勢本線）から一五分ほど歩いて、紀北町立海山《みやま》郷土資料館を訪ねた。のどかな山裾《やますそ》にある資料館は樹々に囲まれ、歴史を感じさせる建物が美しい。モダンな西洋建築の建物は一九一五年に竣工したもので、国の有形文化財にも登録されている。館内に入ると、山の神の神事に用いられた貴重な道具が展示されている。

海山郷土資料館の主事・家崎《いえざき》彰《あきら》氏から、山の神にまつわる話を聞かせてもらう。

山の神の伝承は、三重県内に限っても多様で複雑だ。神事にオコゼが関係しているのは、志摩半島南部にある南伊勢町以南とのこと。とりわけ尾鷲市の矢浜《やのはま》集落では、「上地《かみじ》」「野田《のだ》地《じ》」「下地《しもじ》」という三つの地区が各々山の神を祀って、今でもオコゼを供えているという。神事は毎年二月七日の午前中におこなわれ、見学しやすいのではないかと助言してくれる。三つの地区にある祠の場所も詳しく教えてもらった。

二〇二四年二月七日、山の神を祀る神事を見学しようと、あらためて三重県を訪れた。尾鷲の市街地で自転車を借り、矢浜集落へ向かう。

市の中心地から南へ二、三キロほどと近い。神事がおこなわれる「上地」「野田地」「下地」地区は、近接している。直線距離で一キロほどの圏内にある。ただ問題は、いずれも午前一〇時頃に神事がはじまるようで、神事を「はしご」することは難しい。海山郷土資料館の家崎氏から、「下地」地区にある巨岩（ご神体に見立てた岩）は立派だと耳にしていたため、「下地」地区の神事を見学することにした。

念のため九時頃から、祠がある山裾で待機する。静けさに包まれた山裾でぽつんと一人でたたずんでいると、だんだん不安になってくる。周囲には人影もなく、一向に誰も来ない。

刻々と時間が過ぎていく。一〇時が近づき、焦りは募《つの》る。もしや空振りか。急いで「上地」か「野田地」地区に移動して、別の神事を見学したほうがいいのか――とそわそわしていた矢先、軽トラックや乗用車が山裾の空き地に滑り込んできた。わらわらと六人の男衆（氏子《うじこ》）が降り立って、神事用の道具を運び出す。祷人《とうにん》（一年ごとの持ち回りで選ばれる神事の世話役）に、見学して写真を撮らせてほしい旨を伝えると「どうぞ、どうぞ」と快諾してくれる。

一行は山裾の空き地から、森へと分け入る。

山には鬱蒼《うっそう》と檜《ひのき》が生い茂り、ほとんど陽が射し込まない。急な斜面を登っていくと、ほどなくして巨大な岩と祠が現れる。ここが山の神を祀っている聖域だ。祠の周りには幾多もの一升瓶が転がっており、これまで長い歳月にわたって山の神に御神酒《おみき》を捧げてきたことがわかる。

「あ、いらしてたんですね」

と、海山郷土資料館の家崎氏も山を登ってきて神事に合流した。

神事の準備が手際よくはじまる。

祠に供えてあった木彫りの男根（男性器を象《かたど》った木）を新調したものに取り替える。祠の前に御神酒、米、塩、紅白なます、きゅうり、果物、イモ、そして二尾の生オコゼを並べる。山の神に捧げるオコゼだ。供えられたオコゼはオニオコゼではなく、カサゴのようだ。オコゼは広義ではカサゴ目の魚類を含むため、オコゼとして扱われるのだろう。

「さ、はじめましょうか」と一同が祠の前に整列し、神事がはじまる。

祷人は頭《こうべ》を垂れながら祝詞《のりと》を唱える。抑揚のある声が、静かな森に吸い込まれていく。時間にして三分ほど。そして二礼二拍手一礼で締めくくられる。

ここに祀られている山の神は女神だ。嫉妬深いとされる女神の機嫌を損なわぬよう、神事は男衆だけで執《と》りおこなわれている。「嫉妬深い山の神（醜女）に奇怪な姿のオコゼを見せ、笑い飛ばすことで山の神を慰《なぐさ》める。そして五穀豊穣や豊猟《ほうりょう》を祈る」というのが、オコゼを供える一般的な伝承だ。

しかし矢浜集落（「上地」「野田地」「下地」）では、他説が語り継がれている。

――かつて山の神と海の神が、手下の数を競っていたという。いよいよ最後という段になって、海からひょっこりとオコゼが現れた。そのため山の神が負けてしまい、すっかり機嫌を損ねてしまった。そこで周囲は「オコゼは（醜いので）魚の仲間には入らない」と笑い飛ばして、山の神を慰めたという伝承だ。

いにしえの人々の想像力はたくましい。山は天候や収穫（または収獲）において、ままならないもの。山の神である女神は嫉妬深いだけでなく、喜怒哀楽の感情も激しいといわれる。

祠に供えられたオコゼ。祠の下に見えるのは「顔が逆に描かれた」木の男根（三重・尾鷲市「下地」地区）

山の神の機嫌を損ねないように、人々は腐心してきたのだ。

　また女神はオコゼだけでなく男性器も悦ばれるとのことで、男根を象ったものを供える風習は各地で見られる。矢浜集落においても、新調した木彫りの男根を捧げる。祠に供えられている男根は一年に一度、新しいものに取り替えられるわけだ。ただし矢浜集落では、丸太の先端（亀頭にあたる箇所）に顔を描く。男根を象ったものに顔を描く習わしは、私はこれまで見聞きしたことがなかった。

「あれれ、顔が（上下）逆じゃねえか」

と、「下地」地区の祷人はふと気づく。

　木彫りの男根は、（亀頭の）尖っているほうが下になるようにして顔を描くという。

周りの男衆も「あれれ、本当だ」とつづく。

「ま、ま、今年はこれで許していただきましょう」

と、祷人は供えた御神酒を地面に注いで、神事は大らかに終わった。

供えられたオコゼは、来年の祷人となる人が持ち帰って食べるのが習わしだという。


山裾に下りて、海山郷土資料館の家崎氏に話を聞かせてもらう。

「上地」地区の神事は何やら準備が遅れていたので、「下地」地区の神事を先に見にきたという。「野田地」地区の神事は先ほど終わったとのこと。ということは、これから移動すれば「上地」地区の神事も見学できそうだ。

急いで自転車を北へ一キロほど走らすと、「上地」地区の神事に間に合った。

祠の前に集まった氏子の男衆は、十数人。

祝詞を読み上げることもなく、神事は唐突にはじまった。

「オコゼでござる」

と、祷人が祠に向かって大声を出しながら、懐《ふところ》(上着の内側)に抱えた生オコゼをチラチラと見せたり隠したりする。

懐のオコゼを見せながら祠の前で大笑いする（三重・尾鷲市「上地」地区）

男衆一同は、それに呼応する。

「わっはっはっー」

と、大きな笑い声を静かな山中に響かせる。

どこか珍妙さを感じさせる神事だ。

「オコゼでござる」「わっはっはっー」との掛け合いが二回繰り返されて、神事は幕を下ろした。

生オコゼを抱えながら大笑いすることによって、「山の神様、醜いオコゼですよ。笑って心を和やかに鎮めてください」との願いが込められている。

山の神にオコゼをチラチラとしか見せないのは、女神の興味を惹くための配慮だ。

チラリとしかオコゼが見えないからこそ、女神は「オコゼをもっと見せよ」とせがむ。

「仕方ありませんね、もうちょっとだけですよ」と、再度オコゼを女神にチラリと見せる。

「いやいや、もっともっと見せよ」「では、もう少しだけ」……といった、女神と人々との「対話」がなされているわけだ。

「上地」地区で供えられた二尾のオコゼもオニオコゼではなく、厳密にはメバルのようだ。メバルもカサゴ目であるため、広義ではオコゼとして扱われるのだろう。

新調された木彫りの男根には、やはり顔が描かれている。眉と目じりが下がるように描かれているのは、「ちょっとユーモラスに（男根に）顔を描くのが習わしだから」という。木彫りの男根は男性の象徴であって、「愛嬌のある男性」でなければ女神は悦ばないのだろう。

きっとオコゼも、そうだ。

オコゼの醜さを笑いつつ、「愛嬌のあるオコゼ」をいにしえの人々は重宝してきたのだろう。人々は美しさも醜さも、いずれも価値があるものとして包摂してきたに違いない。

ある女性の新聞記者が、鳥居の外から遠目に見学していた。

（女神が嫉妬するため）女人禁制とされている神事を尊重しての取材だ。記事では祠の近くで撮影した写真が必要だという。そのため家崎氏は、撮った写真を新聞社に提供することとなった。海山郷土資料館に戻って作業をするため、神事を終えてすぐに別れた。

一人で「野田地」地区を訪ねてみると、やはり神事は終わっていた。

祠に供えられたオコゼ。木の男根には「へのへのもへじ」が描かれている（三重・尾鷲市「野田地」地区）

祠に近い山中で、直会《なおらい》の宴会がおこなわれている最中だった。祠を見学させてもらうと、カサゴと思しきオコゼと、新調された木彫りの男根が供えられている。

むむ、ここの亀頭に描かれている顔は「へのへのもへじ」だ。

祷人は「毎年、へのへのもへじを（木彫りの男根に）描くのが習わしだよ」という。

このように矢浜集落の「上地」「野田地」「下地」地区は近接しているのに、習わしが微妙に異なっている。山の神にオコゼを供える風習は、地域によってはさらに異なるようだ。たとえば同じ尾鷲市に限っても、三木里《みきさと》町における神事は矢浜集落と大きく異なっている。

家崎氏が携わった『尾鷲・紀北の「山の神」

──海山郷土資料館特別展』によると、三木里町における神事は秘儀だ。毎年、神事は一月六日の深夜におこなわれる。夜一一時半頃になって「お宝」を懐に忍ばせて、三木里神社にある山の神の祠にお参りをするという。灯りを敢えてともさず、真っ暗闇の中で神事がおこなわれていたとの記述もある（『尾鷲市史　上巻』）。

懐に忍ばせる「お宝」というのは、乾燥させたオコゼが入った木の箱だ。

長年使いつづけているため、箱の中身であるオコゼは粉々になっているという。「バラバラになってはいるが、魚の骨であることは確かである」（『尾鷲・紀北の「山の神」』）と綴られている。つまり三木里町では生魚のオコゼではなく、長年使い込んできた（乾物《かんぶつ》状の）オコゼを供えるのが習わしだ。

このように各地の風習は多様であるものの、いずれの神事でも丁重に扱われるオコゼ。

尾鷲市の神事を見学すると、オコゼがいっそう愛おしく思えてくる。

山の神のように、もっともっとオコゼに会いたくなってくる。

尾道のオコゼ

広島県の尾道を訪れると、つい『放浪記』の一節を口ずさみたくなる。

　海が見えた。海が見える。五年振りに見る、尾道の海はなつかしい。（『放浪記』）

幼少時代を尾道で過ごした作家の林芙美子《はやしふみこ》は、生涯この町を愛した。「少女時代を過したあの海添いの町を、一人ぽっちの私は恋のようにあこがれている」（同前）と、尾道を再訪する際に林芙美子は綴っている。

ああ、やはり尾道駅に降り立つと、もう海が光っている。海だ。

駅前は海が見わたせるように、ロータリーの先は海沿いの広場になっている。ひっきりなしに行き来する渡し船に乗って、対岸の向島《むかいしま》に渡るのもいい。あるいはロープウェイに乗り、千光寺《せんこうじ》公園から瀬戸内海の尾道水道を見わたすのもいい。

さて、今回はオコゼをめぐる旅だ。

尾道駅前から路線バスに乗って橋を渡り、因島《いんのしま》へ。

「因島大橋」というバス停で降りて一キロほど歩くと、福山大学マリンバイオセンター水族館（尾道市因島大浜町）に着いた。ここは大学の研究施設でありながら、水族館として一般にも公開されている。

いた、いた。

オニオコゼだ。

体長は二十数センチほどで、体は迷彩柄のような褐色だ。ボロ雑巾を纏っているような——といっては失礼だが、ほとんど海底の岩にしか見えない。毒（毒腺《どくせん》）のある背ビレは目立たぬように寝かせており、岩そのものになりきっている。オニオコゼは英語で「悪魔の棘《とげ》を持つ魚（Devil Stinger）」と呼ばれているように、背ビレの毒は強烈だ。ぎょろりと目は飛び出しており、大きな口を半開きにしてじっとしている。オニオコゼの表情は鬼面のようでありながら、どこか憎めない愛嬌がある。

大きな胸ビレの一部は鉤爪《かぎづめ》状の足のようになっており、水槽の底にある砂利をしっかりと掴んでいる（両胸ビレに遊離軟条《ゆうりなんじょう》が二本ずつある）。そのため海であっても潮流に負けず、体を海底に固定することができる。夜行性のため、夜になると海底を歩くようにして移動するという。

それにしても、オニオコゼは見飽きない。

上：じっとして動かないオニオコゼ（広島・福山大学マリンバイオセンター水族館）
下：胸ビレには鉤爪状の遊離軟条がある（広島・マリホ水族館）

岩などに擬態して、ただひたすら息を潜める。餌となる小魚や小さな甲殻類（エビなど）が現れるのをじっと待つのみだ。餌が一向に現れないかもしれないという「将来の不安」に駆られることもなく、ただただ待つ。待てば海路の日和ありと、オニオコゼはヒトを指南するかのようだ。

餌やりの時間がはじまった。

水槽の管理や餌やりは、大学生が担当している。

長い棒（給餌棒《きゅうじぼう》）の先にある鉤《かぎ》に、餌となるアジの切り身をつける。それをオニオコゼの口元に「ほれ、ほれ」と、少し揺らしながら近づける。

一瞬だ。

がばっと大きく口を開いて、一気に餌を丸呑みする。

そしてまた何事もなかったかのように、じっとしている。

飼育係によると、オニオコゼの習性ゆえに餌を撒《ま》かないという。いつも餌を口元まで近づけているとのこと。飼育係の言動には、生き物への愛着が滲《にじ》む。「オニオコゼの餌やりは（口元に近づけるため）面倒なんですけど、かわいいですよね」と。このオニオコゼは尾道の近海で獲れたもので、「尾道はオコゼで有名ですから」と誇らしさも滲ませる。

そう、尾道はオコゼ料理の町としても知られている。

オニオコゼは本州中部から東シナ海にかけて分布するものの、漁獲量は極めて少ない。底びき網でカレイやヒラメなどに交じって、たまたま収獲できる程度のようだ。それでも尾道近海はオニオコゼが比較的多く水揚げされてきたため、オコゼ料理が郷土の食文化として根づいている。

翌日、尾道駅前から海沿いを歩いて「青柳」という小料理屋に入った。オニオコゼは稀少な魚だけに、高級魚だ。美味な白身魚として知られている。手持ちが少ない私は、オコゼ定食（オニオコゼの空揚《からあ》げ）を食することにした。昼の定食でもあり、高級魚とはいえ手が届く。

一尾を丸ごと用いた、オニオコゼの空揚げが運ばれてきた。背に包丁を一文字に入れて背ビレを取り除き、衣《ころも》をつけて油で揚げたものだ。

まずは白身を口にすると、どうだろう。

香ばしく、ほのかな甘みが口中に広がる。オニオコゼはフグに匹敵する白身の高級魚といわれるように、上品で淡泊な味わいだ。旨《うま》みが凝縮されたオコゼの空揚げは、丸ごと食べられる。ややグロテスクな面影を残した頭も、二度揚げしているためにバリバリと食べられる。ポン酢に浸しても、味が引き立つ。オニオコゼは頭が大きい魚なので、白身だけでなく、すべてを味わえるのはありがたい。カリカリに揚げた背骨も、ウナギの背骨のようにポリポリと平らげた。

店をあとにして、古い町並みが残る海沿いをぶらぶらと歩く。満ち足りた腹のおかげで、海の風景がいっそう鮮やかに感じられる。用もないのに、ふらりと渡し船に乗って対岸（向島）に渡っては、また船で市街地へ折り返す。風情あふれる尾道の町は、何となしに懐かしい気持ちを呼び覚ます。

五年ぶりに尾道を訪れた林芙美子は、こう綴っている。

見覚えのある屋根、見覚えのある倉庫、かつて自分の住居であった海辺の朽ちた昔の家が、五年前の平和な姿のままだ。何もかも懐しい姿である。少女の頃に吸った空気、泳いだ海、恋をした山の寺、何もかも、逆もどりしているような気がしてならない。（同前）

私も尾道の海沿いを歩いていると、ここで暮らしたこともないのに懐かしい気持ちになる。まばゆい海をぼんやり眺めていると、とりとめもなく「あの頃」が浮かんでは消えていく。

ふと、三〇年も前の夏、ある海の記憶を思い出す――。

オニダルマオコゼ

まだ二〇代半ばだった夏の日のこと。

大学時代に属していたダイビング部の仲間と二人で、沖縄県の粟国島《あぐにじま》へ出かけた。ダイビングに興じては、のどかな島を散策し、静かな時間を満喫していた。

やることも尽きて民宿でごろごろしていると、宿のおじいは銛《もり》を貸してくれた。水産資源の保全に関して、まだ大らかな時代だったのだろう。

「自分たちで食べる分だけなら、（銛を使って）獲って食べたらいいさぁ」と。

ダイバーといっても、日頃は水中で魚を観賞しているだけだ。喜々として浜に出かけたものの、魚は「素人が放つ銛」を易々とすり抜けていく。

結局、その日の収獲は浅瀬で獲れたオコゼ一尾だけだった。サンゴ礁の浅瀬でじっとしているオコゼは、背中に銛を近づけても逃げない。オコゼの棘には強い毒があるため、素手で触れることは厳禁だ。心苦しいながらブスッと突き刺すと、オコゼは大きく身をよじらせて暴れた。最後の抵抗だったのだろう。オコゼは毒のある背ビレを敵に突き刺そうと、びんびんと突き立てた。

体長は二十数センチほど。浜辺で火を起こして、そのまま焼いて二人で食べた。

そして思わず顔を見合わせた。それはそれは、美味だった。

振り返ってみると、そのオコゼはオニダルマオコゼだった。オニダルマオコゼはオニオコゼとそっくりながら、その名の通り、頭がダルマのように大きい。オニダルマオコゼは温暖な南の海域（奄美・沖縄、小笠原など）に生息している。

オニオコゼの体長は二、三〇センチ程度であるのに対し、オニダルマオコゼは四〇センチ以上の大きさにもなる。しかもオニオコゼよりも頭が極端に大きいので、奇怪な印象はさらに強くなる。怖いもの見たさというべきか、水族館で飼育されていることも多い。

体の大きさや頭の形を除けば、オニオコゼとオニダルマオコゼは、ほぼ一緒。背ビレなどに強い毒があること、海底で岩に擬態して動かないこと、白身が美味なことなど、両者の共通点は多い。

ただしオニダルマオコゼの毒は、オコゼの中でも最強だ。一匹が持つ毒性は大人四人分の致死量にもなるという。実際に過去の新聞記事を調べてみると、オニダルマオコゼに刺されて死亡した事故が発生している。刺されると腫れや激痛だけでなく、吐き気や発熱、けいれ

岩にしか見えないオニダルマオコゼ（東京・葛西臨海水族園）

んや呼吸困難などの全身症状を伴うこともあるという。浅瀬でオニダルマオコゼの存在に気づかず、誤って踏んでしまうケースが多いようだ。

オニオコゼと同じく、オニダルマオコゼも稀少で高級魚だ。

以前、香港の海鮮街として知られる西貢（サイクン）を訪れた際も、体長四〇センチほどのオニダルマオコゼが「石頭魚」として売られていた。水槽には「稀有野生」と張り紙があったので、香港でもなかなか獲れないのだろう。値段を訊いてみると、当時のレートで二万円近くしたため手が出なかった。

そういえば——。

那覇市（沖縄県）にある牧志《まきし》公設市場でも、大きなオニダルマオコゼが売られているのを何度か目にしたことを思い出す。一人旅が多い私は「一人では食べきれない」と、これまでいっさい関心を払うことはなかった。

そうだ、オニダルマオコゼもこの際、あらためて味わってみよう。

二〇二四年六月、牧志公設市場を一人で訪れると、オニダルマオコゼは水槽に一匹しかいなかった。悪天候がつづいて、しばらく水揚げがないからだという。唯一残っていたのは、体長四〇センチ近くありそうなオニダルマオコゼ。秤《はかり》に載せてもらうと、ほぼ二キロだった。

鮮魚店員は「(この大きさは)一人じゃ多いよ。二、三人で食べ切れるくらいじゃない」と助言してくれる。

しかし、食べたい。昼過ぎの腹は、十分に減っている。どのようにオニダルマオコゼを捌《さば》くのかも知りたい。高級魚のため一万五千円近くもするが、肌感覚では香港よりも安い。しかも食べ方も細かく相談できる。牧志公設市場では、一階の鮮魚店で捌いてもらったものを二階の食堂で調理してくれる。もし食べ切れなかったら、空揚げであれば持ち帰りもできるという。

魚の大きさと値段に躊躇《ちゅうちょ》するものの、何事も体験を先延ばしにするのはよろしくない。人生の後半戦を生きる私は、なおさらだ。時には分不相応な試みも重要に違いない。

オニダルマオコゼの下処理。一文字に割いて背ビレを取り除く（沖縄・牧志公設市場）

オニダルマオコゼの水洗い（下処理）が、はじまった。

エラの付け根に包丁を深く突き刺して、太い血管を断ち切る（締める）。そして背に包丁を一文字に入れて、毒のある背ビレを取り除く。その部位は容器に入れ、ビニールで厳重に包んで処分する。これで一安心と思いきや、オニダルマオコゼを捌くのは、労力のかかる熟練の技だ。水をかけ流しにしながら、厚い皮を手で力強く剝《は》いでいく。皮の表面からも毒成分が滲み出るようで、水で洗い流しつづけないと手が腫れてしまうという。

腹を割いて、内臓を取り出す。大きな肝と胃袋は、その場で刻んで湯煎《ゆせん》してくれる。白身は、空揚げ用に下ろす。一部を刺身にしてくれたのは、「全部を空揚げにすると（味に）飽きるよ」との配慮だった。大きな頭や胸・腹ビレなどの部位も、あら汁（味噌汁）用に捌いてくれた。

二階の食堂に上がり、調理を待つ。ずらりとテーブルに並べられたのは、刺身、湯煎した肝と胃袋、あら汁、空揚げ――。一人では贅沢すぎる食事だが、貴重なオニダルマオコゼの命を無駄にせぬよう、一心に平らげていく。刺身は淡泊で、肝と胃袋もあっさりとした味わい。特筆すべきは、やはり空揚げだ。輝くような純白の身は肉厚で柔らかく、極上の美味しさ。フグのように上品な旨みが、ぎゅっと詰まっている。あら汁も美味しく、頭や骨に残った身をしゃぶるようにして平らげる。骨に絡まっているプルプルした身には、コラーゲンがたっぷり含まれているのだろう。

腹がはち切れるほど、食べた。持ち帰る必要もなく、すべてを平らげた。

オニダルマオコゼの「力」が、体内に宿ったのだろうか。

歩くのがつらいほどの満腹でありながら、活力がみなぎってくるような感覚がある。

その夜、まだまだ満腹感を抱えたまま飛行機で那覇を発《た》った。

しかしLCC（格安航空会社）のフライトは小さなトラブルが重なり、日付が変わる頃の深夜になって成田空港に到着した。真夜中の成田空港は、陸の孤島になる。仕方なく、始発

上：オニダルマオコゼの空揚げとあら汁（沖縄・牧志公設市場）
下：オニダルマオコゼの刺身、湯煎した肝と胃袋（同上）

電車まで空港のベンチで横になって一夜を明かす。おそらく私は脆弱な身体なのだろう。旅先で不測の事態に見舞われると、大抵は風邪をひく。嫌な予感を助長するかのように、館内の冷房が身体に強く吹きつけてくる。

しかしオニダルマオコゼの滋養は、強力だった。

寝不足の朝を迎えながら、以降も体調を崩すことはなかった。

オコゼの教訓、何事にも動じるな

オニオコゼ、オニダルマオコゼともに、非常に生命力が強いことも特筆すべきだろう。

いずれのオコゼも海底でじっとしていることが多く、酸素やエネルギーの消費量が少ない。

当然のことながら生き物は運動すればするほど、消費量が多くなる。消費量が少ない両者のオコゼは、低酸素であっても生きられるという。海から陸に揚げても、長時間は生きていられるのだ。

「オニダルマオコゼが道路に」

と記された、新聞記事を目にした（『八重山毎日新聞』二〇一五年八月九日付）。

記事によると、沖縄県の石垣島で体長二〇センチほどのオニダルマオコゼが、海岸道路に打ち上げられていたという。オニダルマオコゼは浅瀬でじっとしているため、台風による高波で陸に打ち上げられてしまったようだ。

それでもオニダルマオコゼは動じない。陸地であっても、じっと息を潜めて再起を待つ。記事によると、通りがかった人が（背ビレに刺されないように）木切れを用いて、オニダルマオコゼを海に戻したという。

やはりオコゼは、何事にも動じない。じたばたせず、つねに体力を温存させる。

その強さは、ヒトが生き延びるうえでも重要だ。たとえば海や山で事故に遭った際、むやみに泳いだり歩き回ったりして体力を消耗するのは、最も避けたいことだ。たとえストレスや動揺といった精神的な負担であっても、体内の栄養素は多く奪われてしまう。

ヒトもオコゼのように生きたいものだ。

周りから陰口をたたかれようが、批判されようが、動じない。

たとえ困難な状況に陥っても、冷静さを保つ。

もしも何かしら理不尽な環境に置かれている際は、動じないことを心がけつつ、オコゼの毒のように「武器」を準備したい。周到な言動をもって闘ってもいい。あるいは未練を断ち切って、逃げることも大いなる「武器」だ。

むくむくと想像が膨《ふく》らむ。

山の神は、すべてお見通しだったのではないか——。

オコゼの醜さに隠された生命力の強さを。

邪鬼《じゃき》を祓《はら》うかのようなオコゼの生命力を、山の神は愛していたのかもしれない。あるいはオコゼの生命力に、たくましき男根の姿を重ね合わせていたのかもしれない。

第2章

仲睦まじい悦びと悲しみ

「何たる失策であることか！」

井伏鱒二『山椒魚』

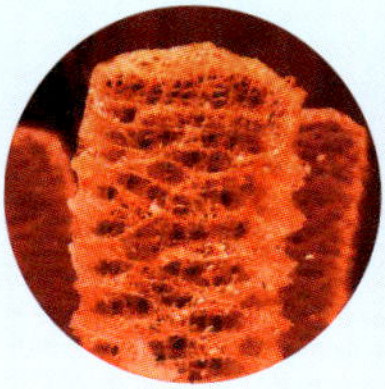
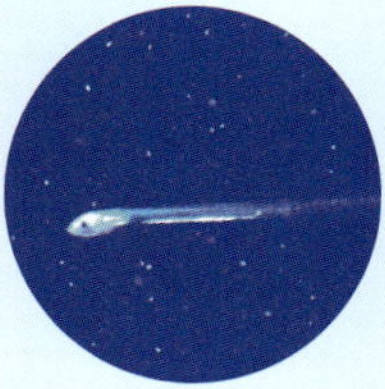

閉じられた空間の夢と現実

カイロウドウケツ

Euplectella aspergillum

海綿動物門
六放海綿綱

カイロウドウケツ（沖縄・那覇市で入手したもの）

「夫婦の契り」に漂う不穏さ

ご存じのように四字熟語の「偕老同穴《かいろうどうけつ》」は、夫婦がともに暮らして老い、死んだあとは同じ墓穴に葬られることを指す。転じて夫婦が信頼し合っていること、仲睦まじいことを意味する。かつて結婚式では、決まり文句のように祝辞で引き合いに出されたという。

カイメン（海綿）の一種であるカイロウドウケツは、偕老同穴という言葉そのものが名の由来になっている。カイロウドウケツが生息しているのは、深い海の底。およそ水深一〇〇〇メートルまでの、深海の砂地だ。

カイロウドウケツは、長さ二、三〇センチほどのヘチマのような形をしている。網目模様で中は空洞になっているため、いわば海底に生えている「筒状の籠《かご》」のようなもの。ただしカイロウドウケツはカイメンの仲間なので、植物ではなく動物（固着生物）だ。

カイメンと聞くと、一般的には磯や浅瀬で見られる「ブヨブヨしたもの」を思い浮かべる（クロイソカイメンなど）。たしかにカイメンの九割以上は、ブヨブヨ、スカスカしたイメージの普通海綿綱《ふつうかいめんこう》に属している。しかしカイロウドウケツは六放海綿綱《ろくほうかいめんこう》という、ガラス海綿のグループに属する。ガラス質（二酸化ケイ素）の硬い骨格を持つ、カチカチのカイメンだ。

カイロウドウケツは、まるで天然の骨董品のよう。細かなガラス細工を施《ほどこ》したような白い骨格が「網目状の美しい籠」に見えることから、英語では「ヴィーナスの花籠（Venus' Flower Basket）」と呼ばれている。

そもそもカイロウドウケツという名は、筒状の内部（胃腔《いこう》）に小さなドウケツエビが暮らしていることに由来する。ドウケツエビは筒状の中で雌雄《しゆう》のペア、つまり夫婦で生息している。ドウケツエビがペアで仲良く暮らしているカイメンなので、カイロウドウケツと名づけられたわけだ。

ドウケツエビのペアは、宿命的な生涯を送る。

ドウケツエビは体が小さい幼生の段階で、カイロウドウケツの網目をすり抜けて筒状の内部に入り込む。ドウケツエビは筒状の中で成長し、やがて網目よりも大きくなる。するとドウケツエビは、筒の外に二度と出られなくなる。

何もカイロウドウケツが、ドウケツエビを逃がさないように閉じ込めているわけではない。ドウケツエビが自らカイロウドウケツの中に入り込んで成長し、外に出られない生涯となる。

そもそもカイロウドウケツにとっては、ドウケツエビが中で暮らすメリットはないようだ。

一方に利益が生じ、他方には利益も害もない関係である片利共生《へんりきょうせい》だろう。

外に出られなくなった雌雄ペアのドウケツエビは、仲睦まじいかどうかは別にして、カイ

上：カイロウドウケツ内部にドウケツエビの黄色い亡骸が見える
下：骨格は格子状の網目模様になっている

ロウドウケツの中で添い遂げるしかない。

二度と外に出られない――といっても、筒状の内部は快適なようだ。

カイメンであるカイロウドウケツは海水を取り込み、水の中の酸素を利用して呼吸する。そして海水の有機物を濾《こ》し取って、栄養を細胞に取り込む（「ろ過食」という食性）。そのためカイロウドウケツの内部は、水がきれいになる。いわば浄化フィルターを通じて、澄んだ水が筒状の中に流れ込んでくるわけだ。

ドウケツエビは、食事にも困らない。カイロウドウケツの網目に引っかかった餌やプランクトンなどをハサミで摘み取って食べるという。網目が細かいだけに、引っかかる餌も多いのだろう。

また筒状の中で暮らすドウケツエビは、安全だ。カイロウドウケツの硬い骨格（ガラス質）は、外敵の侵入を防いでくれる。そもそもカイロウドウケツ自身がカチカチのガラス質の骨格を持つことによって、捕食者から身を守っている。

カイロウドウケツの中で暮らす、ドウケツエビ。

生涯外に出られないとはいえ、雌雄のペアが安全かつ快適な空間で暮らしつづけられるわけだ。沖縄美《ちゅ》ら海《うみ》水族館（本部町《もとぶ》）には、六年にわたるドウケツエビの飼育記録があるという。カイロウドウケツの中で夫婦が暮らしつづけるのは、きっと長い時間なのだろう。

ペアで暮らすドウケツエビの存在があるからこそ、カイロウドウケツは「夫婦の契《ちぎ》り」を象徴する縁起物として重宝されてきた。

数年前に那覇市（沖縄県）の土産物屋を訪れた際、カイロウドウケツが売られていたので購入した。今や縁起物としての需要はすっかり廃《すた》れてしまったようで、「全然売れないから、一つ五〇〇円でいいよ」と大いに値引きしてくれた（もともとは二五〇〇円の値札が貼られていた）。カイロウドウケツは、底びき網によって深海から採取されたものだろう。真っ白なガラス質の骨格だけが残り、乾燥させたヘチマのようになっている。網目状の繊細な構造であるにもかかわらず、カイロウドウケツは硬い。力強く握ってみても、びくともしない。

かつて藤沢市の江の島（神奈川県）を訪れた際も、土産物屋にカイロウドウケツが数千円で売られていた。店主に訊くと、店に所狭しと並べられた標本類は、今では仕入れることができない珍しいものが多いという。ただカイロウドウケツは今でも流通ルートがあり、数年ごとに仕入れをしているそうだ。以前に買い求めた客は小学生で、「専門家顔負け」の知識量だったという。今やカイロウドウケツは縁起物というよりも、生き物の愛好家に需要があるのだろう。

カイロウドウケツで暮らすドウケツエビを想像してみたい。

体が大きくなって、二度と外に出られなくなる。狭い空間の中で夫婦が添い遂げるというのは、いったいどのような「心持ち」なのだろうか。誰にも邪魔されない二人の幸せな空間であり、外敵に怯《おび》えることのない安穏とした空間なのだろうか。あるいはパートナーから逃れられないという諦念《ていねん》が空間を支配しているのだろうか。

縁起物として重宝されてきたカイロウドウケツは、何やら不穏なことも想像させる。

山椒魚あるいはバナナフィッシュ

カイロウドウケツという筒状の中から、ドウケツエビは二度と外に出られない――。

やはり、あの小説が思い起こされる。

井伏鱒二《いぶせますじ》の代表作、『山椒魚《さんしょううお》』だ。

久しぶりに読み返してみると、ドウケツエビの「心情」と重なり合うように思えてくる。

――山椒魚は、とある渓流の洞穴《ほらあな》で暮らしていた。

ある日、あろうことか、自分の体が成長して穴の外に出られなくなったことに気づく。山椒魚が外に出ようとしても、頭がコルク栓のように穴につっかえてしまうのだった。

穴から出られないことを悟った山椒魚は、悲嘆に暮れる。

やがて不意に穴に紛れ込んできた蛙《かえる》との奇妙な生活がはじまる。山椒魚は蛙を穴の外に逃がすまいと、自らの体で穴をふさいでしまう。いわば自暴自棄による道連れだ。そうして幽閉状態に置かれた山椒魚と蛙は互いに罵《ののし》り合い、狭い穴の中で険悪な関係がつづいていく。

作者の井伏鱒二は晩年になって、『山椒魚』の結末をばっさり削った。

広く知られている従来の結末であれば、山椒魚と蛙は罵り合うことに疲れ、やがて沈黙していく。そして最後に蛙は「今でもべつにお前のことをおこってはいないんだ」（『山椒魚』）といい、両者は和解の可能性をはらんで物語の幕を下ろした。

しかし作者が晩年に結末を大きく削ったことにより、両者はいがみ合ったままで物語は閉じられることになった（「山椒魚」『井伏鱒二自選全集　第一巻』）。つまり穏やかな結末から、絶望を感じさせる不気味な結末となり、読後感は大きく異なる作品となったのだ。

井伏鱒二は八〇代後半の年齢になって、『山椒魚』の結末を大きく削っている。悟りの境地であったろう最晩年になって結末を不穏なものに改訂したのは、いったいどういう心境だったのだろう。

穴に閉じ込められた両者が和解し、希望を見いだしていく。

いやいや違う。生きるとは、そんなに生易《なまやさ》しいことではない――。

もしかすると作者は、そのように悟ったのだろうか。


カイロウドウケツで暮らすドウケツエビも同じかもしれない。

体が大きくなった雌雄ペアのドウケツエビは、もう一生、外には出られない。

ドウケツエビの宿命とはいえ、穴から出られなくなった山椒魚のように嘆き悲しんでいるかもしれない。夫婦で仲良く暮らすというよりも、山椒魚と蛙のようにいがみ合って暮らしているかもしれない。ドウケツエビが暮らすのは、光が射さない深い海の底だ。偕老同穴という清らかな言葉とは裏腹の、厳しい現実が海の底で繰り広げられているかもしれない。

『山椒魚』を読み返していると、むくむくと想像が膨らむ。

またしても小説が思い起こされる。

J・D・サリンジャー『バナナフィッシュにうってつけの日』だ。

この物語の結末は、ご存じのように唐突でじつに謎めいている。

――若い男性のシーモアは、海辺のリゾートホテルで妻と休暇を愉しんでいた。

カイロウドウケツの美しい網目は「逃げられない檻」にも見える

たまたま海岸で出会った少女と海で戯れたあと、一人でホテルへ戻る。そしてベッドで眠る妻を見やりながら、唐突に自身のこめかみを拳銃で撃ち抜いてしまう。

結末は、いかにもミステリアスだ。しかし、ここでは「バナナフィッシュ」を描写した箇所を見てみたい。

シーモアが海で少女に語った奇妙な話によると、バナナフィッシュは「バナナがどっさり入ってる穴の中に泳いで入って行く魚」だという。バナナの穴の中で、魚（バナナフィッシュ）は大量のバナナを平らげてしまう。「そんなことをすると彼らは肥っちまって、二度と穴の外へは出られなくなる。戸口につかえて通れないからね」と、バナナフィッシュは悲運な魚として描かれている。そしてバナナの穴から出られなくなった魚は、やがてバナナ熱という怖い病気にかかって死んでしまうという(「バナナフィッシュにうってつけの日」『ナイン・ストーリーズ』)。

『山椒魚』と同じく、穴から出られなくなってしまう怖い話だ。

バナナフィッシュと呼ばれる魚は、実際に存在する(ソトイワシなどの総称)。しかし物語で描かれているバナナフィッシュは、創作の話だ。なのになぜか数奇なバナナフィッシュの話は、強く印象に残る。穴から出られなくなった山椒魚の物語とも重なり合う。そしてカイロウドウケツの中で暮らす、ドウケツエビの姿をも想起させる。

山椒魚、バナナフィッシュは、穴から出られなくなった物語上の生き物だ。

カイロウドウケツで暮らすドウケツエビは、実際に外に出られない生き物だ。

しかし、それらは本当に閉じ込められた生き物の悲しみを意味するのだろうか。

もしかすると、ヒトの暮らしこそが「穴から出られない悲しみ」と解釈することも可能なのではないか。世俗的に暮らすヒトは、世間という目に見えない檻《おり》のような「穴」に閉じ込められていると読み解くこともできる。会社勤めであれば、組織という「穴」に封じ込められているかもしれない。あるいは偏狭な自意識によって、自分で自分を牢獄のような「穴」に閉じ込めている可能性もある。

つまり穴に閉じ込められているのは、ヒトである我々自身なのではないか。山椒魚とバナナフィッシュの物語に思いを馳《は》せると、頭が混乱してくる。いったい何が幸福で、何が不幸なのか、わからなくなってくる。

いけない、いけない。

現実の世界に戻ろう。

ドウケツエビの名残

深海に生息するカイロウドウケツには、一般的に水族館でしか出会えない。ただ飼育が難しいようで、展示されている水族館は滅多にない。

かごしま水族館（鹿児島市）を訪れると、ようやくカイロウドウケツに出会えた（二〇二三年一二月）。薄暗い深海コーナーの水槽を覗くと、カイロウドウケツが砂地に突き刺さっている。筒状の高さは三〇センチほどありそうだ。

水槽の案内板には、ドウケツエビが中で暮らしていることも示されている。

どれどれ、と目を凝らす。

ドウケツエビは透明な白っぽい体をしているので、見つけにくい。カイロウドウケツの

ドウケツエビが暮らすカイロウドウケツ（かごしま水族館）

（網目状の）白い骨格と重なり合う。目が慣れてくると、ようやくドウケツエビの姿を捉えることができた。エビの体長は二、三センチほどだろうか。小さなエビとはいえ、網目状の隙間から外に出られないことは、ひと目でわかる。

飼育員によると、オキアミを細かく刻んだものをドウケツエビに与えているという。カイロウドウケツの細かい網目を通して（筒状の中に）餌を入れるというから、いたって緻密《ちみつ》な餌やりだ。

それにしても、なぜだろう。

カイロウドウケツの上から下までを舐《な》めるように観察しても、一匹のドウケツエビしかいない。仲睦まじい夫婦でいることが、ドウケツエビではなかったか。飼育員によると、ドウケツエビは単独で暮らしていることもあるという（追記：このドウケツエビは二〇二四年の夏に死んでしまった）。

水族館で展示されていたのは、まさにドウケツエビが一匹だけで暮らしているカイロウドウケツだった。

じつは以前から気になっていた。

というのも、那覇市の土産物屋で購入したカイロウドウケツの中には、一尾のドウケツエビの殻（亡骸）しか確認できなかったからだ。手にしたカイロウドウケツを上下逆さまにすると、カラカラとドウケツエビの殻が中を転がっていく。乾燥して黄ばんだ殻は、ばらばらになってしまっている。それでもドウケツエビの硬いハサミだけは、しっかりと原型をとどめている。

しかし、いくら探してもハサミの殻は二つ（一対）しかない。メスよりもオスのハサミが大きく発達するとはいえ、一対のハサミしか見つからないということは、やはりここでは一匹のドウケツエビしか暮らしていなかったのではないか。

国立国会図書館を訪ねて、文献を読み漁ってみた。

貴重な論文が見つかった（「オウエンカイロウドウケツに共生するヒメドウケツエビのペア形成期」『月刊海洋』）。ここには、多くのカイロウドウケツ（七三個体）を実際に調査した成果が記されている。論文によると、カイロウドウケツの中で暮らしていたドウケツエビは、一匹から一〇匹までのケースがあったという。

ただカイロウドウケツの中でドウケツエビがペア（二匹）で暮らしていた比率は、意外にも高くない。二匹（雌雄ペア）が暮らしていたケースは、一匹のケースと、おおよそ比率が拮抗《きっこう》している。一匹の場合は、メスとオスいずれのケースもあったという。つまり「ドウケツエビは雌雄のペアで仲良く暮らしている」というのは、ヒトの憶測にすぎなかったようだ。

しかし三匹以上が暮らしているケースがあるというのは、いったいどういうことか。

ましてや一〇匹が一緒に暮らしているケースもあるとは、いかがなものか。

もしやモノガミー（一夫一妻制）ではなく、ポリアモリー（複数恋愛）を志向するドウケツエビが存在するということか。

いやいや、落ち着こう。

論文によると三匹以上のケースは、二匹（雌雄）以外の個体が小さいため、雌雄ペアと子ども（稚《ち》エビ）が家族として暮らしていたようだ。つまり子どもの何割かは、まだ親元にとどまっているわけだ。一般的には孵《ふ》化《か》直後の幼生は、網目状の隙間から外へ出ていく。そして浮遊生活を経て、親とは別のカイロウドウケツに移り住むと考えられている。

それでも、まだ頭は混乱する。

これまで縁起物とされてきたカイロウドウケツは、本当に縁起がいいものだったのかと。贈られたカイロウドウケツは、ドウケツエビが一匹、あるいは二匹か三匹以上で暮らしていたものかもしれない。厳密に捉えると一匹の場合は「独身」「破局」、二匹の場合は「夫婦円満」、三匹以上の場合は「家庭円満」を想起させる贈り物になる。

もちろん二匹や三匹以上のケースは縁起物として問題ないにせよ、やはり気になるのはドウケツエビが一匹だけで暮らしていた場合だ。

想像してみたい。

一匹の幼いドウケツエビ（幼生）が、カイロウドウケツの網目状の隙間から内部に入り込む。しかし待てども待てども、ペアとなる相手は現れない。やがてドウケツエビの体は大きくなって、カイロウドウケツの外には二度と出られなくなる。

ヒトの憶測では、それは一人ぼっちの閉じられた空間だ。

ただし外敵に襲われることもなければ、食事に困ることもない。

山椒魚の物語のように、一匹のドウケツエビは「何たる失策であることか！」（『山椒魚』）などと、閉じ込められた自身の運命を嘆き悲しんだのだろうか。それとも「一人の静かな時間」を心ゆくまで堪能したのだろうか。

私は後者ではないかと信じる。

家庭を築いたことのない私が述べても説得力に欠けるが、そもそも夫婦になること、夫婦でありつづけることが幸せであるとは限らない。ましてやペアになれなかったり、子孫を残せなかったりした生き物を「悲しい運命」と見なすのは、人間の驕《おご》りのような気がする。人間界においては多様な生き方が尊重されつつあるというのに、(ヒト以外の)生き物に多様な生き方を認めないのはおかしい。どのような生き物であっても、どのような生き方であっても、命を全うすることは幸せな生涯に他ならないのではないか。


二〇二四年六月、那覇市の土産物屋を再訪した。

数年前にカイロウドウケツを購入した店だ。

店の奥から取り出してくれたのは、たくさんのカイロウドウケツだった。やはり「売れないねぇ」という。今回は少し詳しく訊いてみると、在庫になっているのは二、三〇年前に仕入れたものだという。その頃は縁起物としての需要もあったようで、店員もかつて知人の結婚式に招かれた際に活用したそうだ。

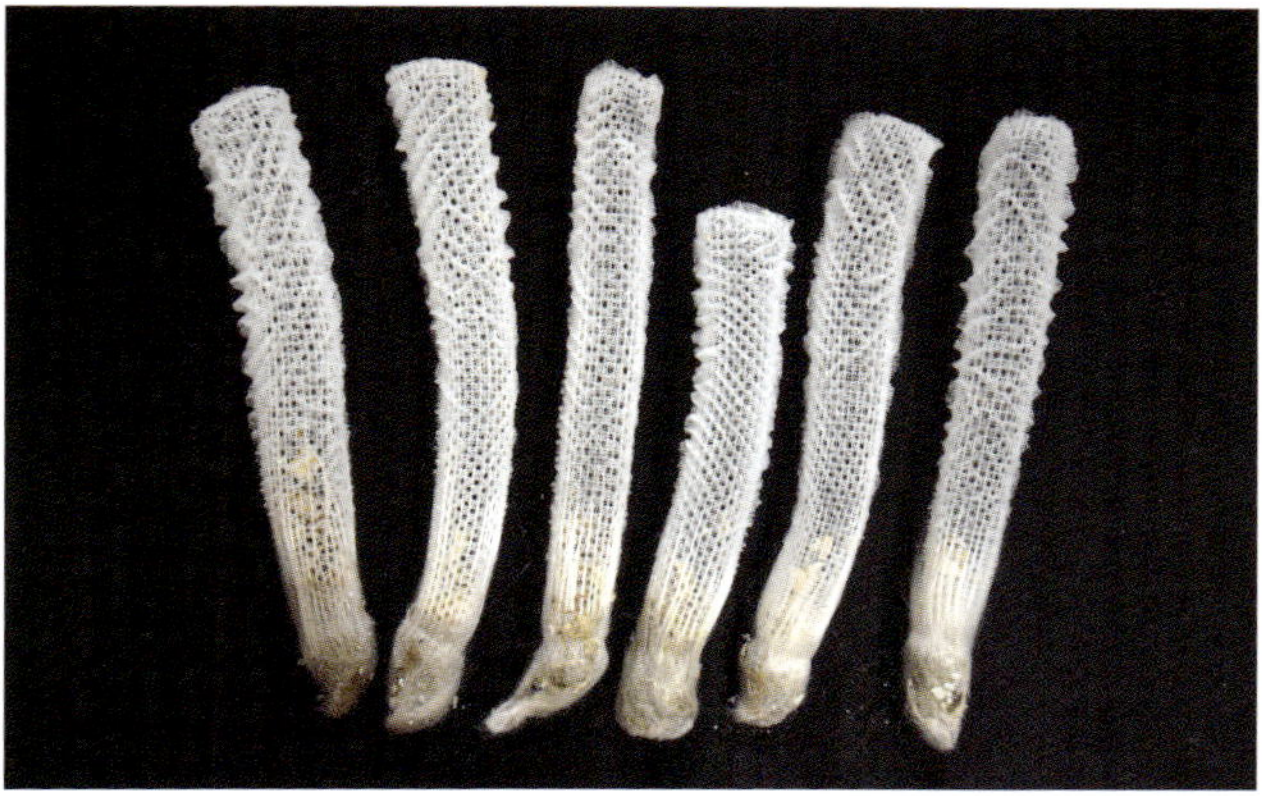

新たに入手した６つのカイロウドウケツ（長さは二十数センチほど）

「これが（夫婦円満の象徴である）本物のカイロウドウケツです」

と、実物を手にしながら結婚式のスピーチをしたという。

会場の反響があったかと思いきや、「いやいや、みなさんキョトンとしてたね」と笑う。

カイロウドウケツは相変わらず値引きされていたため、今回はドウケツエビの殻がたくさん入っていそうなものをざっと選んで、六つ購入した。

自宅に戻ってから、カイロウドウケツ（の中）を一つひとつ調べてみる。

上下逆さまにすると、黄ばんだドウケツエビの殻がカラカラと転がっていく。

ぐっと目を近づけて、六つの筒の中にあるエビの殻を仔細《しさい》に見てみよう。

一つ目のカイロウドウケツは、どうだろう。

大きなハサミの殻が二つ（一対）、小さなハサミの殻が二つ（一対）。

二つ目、三つ目、四つ目も同じだ。

これらは大きなハサミであるオス一匹と、小さなハサミであるメス一匹が、雌雄ペアで暮らしていたものだろう。わかりやすく捉えると、ドウケツエビが夫婦で仲良く暮らしていたものだ。

ふと考える。

筒の中をカラカラと転がる殻は、取り出すことができるのだろうか。

果物ナイフを手にして網目（骨格）に刃を入れてみても、カイロウドウケツはびくともしない。金属用のノコギリを使って、骨格を輪切りにするしかないのか……。ただ、カイロウドウケツの根元（基部）だけは、少し柔らかい。海底の砂に根を張るように、髪の毛のようなガラス繊維がたくさん生えている。素手で触るとガラス質の破片がチクチクと刺さるため、タオルを巻く。片手で白い骨格を押さえ、もう一方の手で根元をひねって回転させてみた。

スポッと、根元が外れた。

筒の内部が露《あら》わになる。

無事にドウケツエビの殻を取り出すことができた。やはりハサミ以外の殻は、エビのどの部位なのかよくわからない。一対ずつハサミを並べてみると、オスのハサミは一センチ少々、メスのハサミは〇・七センチほどだった。

しかしドウケツエビの殻は、取り出さずに観察したほうがよさそうだ。ピンセットで丁寧に扱っても、ふとした瞬間にハサミは粉々に砕けてしまった。筒の中から取り出してしまうと、エビの殻というのはこんなにも脆《もろ》いものだったのか。

つづけよう。

購入したカイロウドウケツの五つ目はどうだろう。

大きなハサミの殻が二つ（一対）、小さなハサミの殻が一つ。対になる小さなハサミの殻が一つ見つからないのは、粉々に砕けてしまったのかもしれない。おそらくドウケツエビが雌雄ペアで暮らしていたものだろう。

そして、最後の六つ目。

――大きなハサミの殻が、なぜか四つ（二対）ある。

よくよく観察してみたものの、四つのハサミの殻は同じ大きさに見える。

大きなハサミの殻なので、これはオスとオスが二匹で暮らしていた（同性ペア）ということなのだろうか。あるいは一匹で暮らしていたオスが息絶え、また新たなオスが一匹で暮らしていたのだろうか。それともオス同士がメスを迎え入れるべく、争いを繰り広げていたのだろうか。

資料を読み漁ってみたものの、ドウケツエビの生態はまだ詳しく解明されていないようだ。そもそもどのような過程で、一対のペアとなるのかも不確かだ。雌雄のペアとなった幼生がカイロウドウケツの中に入って大きくなる可能性もあれば、カイロウドウケツの中で幼生が成長してメスとオスに分化する可能性もある。

あるいは一匹が暮らすカイロウドウケツに、あとからもう一匹が入り込んでペアを形成するかもしれない。はたまたカイロウドウケツの中で何匹かが争って、優位個体だけが雌雄ペアとして残るのかもしれない。

六つのカイロウドウケツの観察を終え、ただ茫然《ぼうぜん》としてしまう。

ガラス質の破片や根元にこびりついていた砂、粉々に砕けたエビの殻などで部屋の床は散らかり放題だ。そのことは問題ないにせよ、生き物の謎はいたって深い。

調べれば調べるほど、よくわからなくなってくる。

上：カイロウドウケツの根元を外すと内部が露わになる（根元の直径は２センチ弱）
下：中から取り出したドウケツエビのハサミ。大きい左がオス、小さい右がメス（一対ずつ）

カイロウドウケツの中で繰り広げられている真の営みとは、いったいどのようなものなのか。平穏なものなのか、過酷なものなのかさえ、わからない。

カイロウドウケツやドウケツエビが暮らす深海には、光が届かない。

ヒトの理解も、まだまだ届かない。

穴を追い求める生き方

カクレウオ

Carapidae sp.

アシロ目
カクレウオ科

シモフリカクレウオの標本（東京・国立科学博物館）

肛門という名の扉

穴があったら入りたい――とは、身を隠したいくらいに恥ずかしいこと。でも、カクレウオは何ら恥じることなく、堂々とナマコの穴に入る。

穴とは、ナマコの肛門だ。

カクレウオはその名の通り、ナマコの肛門から体内に入って身を隠す。シラスのような細長い体をした魚だ。体長は一〇〜二〇センチほどで、体色は半透明であることが多い。カクレウオはナマコだけでなく、ヒトデや貝類などにも潜り込んで身を隠すという。

昼間のカクレウオはナマコの体内に身を潜め、夜になるとにょろにょろと外に出て餌を探す。そのためカクレウオがナマコの肛門を出入りする姿は、滅多に観察できない。ただインターネットで検索すると、水族館の飼育員が貴重な瞬間を捉えた動画などを目にすることができる。その動きは、次のようなものだ。

――カクレウオは、ナマコの肛門にそっと頭を近づける。肛門を覗き込むような格好だが、ナマコの肛門が大きく開く瞬間を探っている。ナマコは肛門から海水を出し入れしながら、呼吸をしている（海水の酸素を取り込む）。ナマコが海水を体内から吐き出す瞬間は、肛門が大きく開く。「よし、今だ」と、カクレウオは瞬時にナマコの肛門から体をくねくねと滑り

ジャノメナマコとカクレウオの標本（東京・国立科学博物館地球館）

込ませる。

ナマコの体内に一気に潜り込む早業《はやわざ》だ。カクレウオは細い尾から後進して、最後に頭を滑り込ませる。駐車場に車をバック（後進）させるような動作だ。おそらく頭よりも尾のほうが細いため、カクレウオは体を滑り込ませやすいのだろう。ただ動画によっては、ナマコの肛門に頭から潜り込むカクレウオもいた。

中にはナマコが「やめろ、やめろ」と身悶《みもだ》えしているように映る動画もあったが、カクレウオはお構いなしに体をくねくねとナマコに滑り込ませる。なす術もないナマコが、ちょっと気の毒だ。

そもそも多くのナマコには、魚にとっては猛毒となるサポニンという物質が体に含まれている。しかしカクレウオは、サポニンを防御する粘膜をつくっているため、ナマコの体内に難なく潜り込めるという。

国立科学博物館（東京都）には、カクレウオの標本が展示されている（地球館一階にある常設展示「共生と寄生」）。ジャノメナマコの肛門から、にょろりと顔を覗かせているシモフリカクレウオの標本だ。標本とはいえ、ナマコに身を隠しているカクレウオの「心地よさ」が伝わってくるように感じられる。

ナマコの肛門から体内に入ったカクレウオは、ナマコの体腔《たいこう》（内臓の隙間）や消化管に体を丸めて収まるようだ。カクレウオは胎内回帰のような、安心感に包まれているのだろうか。一見するとナマコとカクレウオは仲良く暮らしているように思えるが、ナマコにとっては何も利することがない。

それどころか、カクレウオはどうやら迷惑な存在のようだ。

というのも、肛門からナマコの体内に入ったカクレウオは体腔に収まるために、どこかの内臓を破ってしまうようだ。夜になって肛門から出ていく際も、内臓を破って出ていく。しかもカクレウオが、ナマコの内臓を引きちぎって食べることもあるというから厄介だ。ナマコとカクレウオの関係は一般的には片利共生と捉えられるものの、実際のところは微妙だ。一方に利益が生じ、他方に害が生じる寄生関係に近いとも考えられる。

シモフリカクレウオの標本（東京・国立科学博物館地球館）

もしやカクレウオは、「ストーカー」なのかもしれない。

ナマコは逃げも隠れもできない。カクレウオはナマコがどんなに嫌がってもつきまとい、何度もナマコの体内に忍び込む。そこにあるのは、カクレウオの「一方的な思い」だけだろう。夜行性のカクレウオが、やっと餌を探しに外へ出ていってくれたと思ったら、またナマコの体内に戻ってくる。その際のナマコの「落胆」は想像に難くない。

ただカクレウオがナマコの生命を脅《おびや》かさないのは、最低限の「良心」だと感じる。棘皮動物《きょくひどうぶつ》であるナマコは再生力が強い。たとえ体が分断されても、防御のために内臓を体外に放出しても、やがて再生する。カクレウオがナマコの内臓を破ったとしても、いずれ再生するのだ。カクレウオは厄介な存在であったとしても、ナマコに致命傷を負わせることはない。

ナマコの肛門は忙しい

二〇二四年一月、沖縄県の竹富島《たけとみじま》を訪れた。

ナマコに出入りするカクレウオに出会える可能性は低いものの、ナマコの肛門をじっくりと観察してみたくなった。沖縄の海は比較的ナマコに出会いやすい。浅瀬でも見つけやすいので観察してみたい。

竹富島の西側に位置するコンドイ浜は、遠浅で波の静かなビーチ。真っ白な砂浜、エメラルド色の海、沖合に長く延びる白い砂州《さす》（サンゴ片《へん》が堆積《たいせき》したもの）は、訪れる人を魅了する。浅瀬の砂地にはクロナマコやニセクロナマコが、のっそりと転がっている。思わず踏んづけてしまいそうなほど、ごろごろいる。

クロナマコは体表に白い砂粒を纏うので、黒と白のまだら模様になる（体の粘膜に砂粒をくっつけてカムフラージュする）。ニセクロナマコは砂粒を纏わないので、見た目は真っ黒だ。いずれも体長は二、三〇センチといったところ。

島の名所であるコンドイ浜には、多くの人が訪れる。ただ一月中旬のため、誰も海には入

真っ白な砂州が沖合に浮かぶコンドイ浜（沖縄・竹富島）

らない。水温は二四度ほど。上半身だけ薄手（二ミリ厚）のウエットスーツを纏えば、まずまず水の冷たさは問題ない。ただ季節柄、北寄りの風がやむことなく吹きつけ、長らく海に入っていると身体が冷えてくる。陸に上がって陽を浴びては、また海に戻る。

クロナマコやニセクロナマコは、ぽってりとした丸っこさが愛らしい。手のひらに載せては、ぷにぷにした体を両手でそっと包む。ヒトに何も危害を加えない、ナマコの「優しさ」が身に染みる。私が学生だった頃は、ナマコを大きく揺さぶっては、ジャノメナマコやニセクロナマコを大きく揺さぶっては、ネバネバした白い糸（防御のために放出されるキュビエ器官）を吐き出させたり、三メートルほどもあるオオイカリナマコを見つけては指でつついたりした（防御のため一気に縮んで三〇センチほどになる)。

今や五〇代である私は、できるだけナマコの暮らしを邪魔したくない。少し撫《な》でては、砂地にそっと戻す。コンドイ浜では膝が浸かる程度の浅瀬にも、ナマコがごろごろいる。人間も腹這《はらば》いになってごろごろしながら、至近距離でナマコを観察したい。

ナマコの前後(前端と後端)は、ぱっと見る限りではわかりにくい。ナマコは海底の砂を絶え間なく触手《しょくしゅ》で口に運んで食べ、微生物や有機物を栄養にしている。海底からぺりっとナマコを引き剝がすと、口の周囲に生えている触手が花びらのように広がっている。触手のある口(前端)の反対側にあるのが、肛門(後端)だ。

海底の砂地を見ても、ナマコの肛門の位置はわかる。ナマコが排出した糞が砂地に細長く延びているので、糞をたどれば肛門に行きつく。

カクレウオのように、ヒトもナマコの肛門に顔を近づけたい。柔らかそうな真ん丸な穴の肛門を眺めていると、ここに潜り込みたくなるカクレウオの気持ちがわかるような気がする。カクレウオに出会えなくても、ナマコの肛門を観察しているだけで心が躍る。

つねに砂を食べつづけるナマコは、どんどん糞を出す。およそ一日前に食べた砂が次々と排出されているわけだ。糞はうどんのように、細長くて真っ白。糞といっても有機物が取り

コンドイ浜でクロナマコの肛門を観察する（沖縄・竹富島）

除かれた、清らかな砂だ。海を浄化してくれている糞だけに、いうなれば神々しい。

　ナマコの肛門は、何かと忙しい。

　肛門から海水を出し入れして呼吸をするため、開いたり閉じたりする。そして、ひっきりなしに糞も排出する。玉のような糞をぽんぽんと小気味よく弾き出すナマコもいれば、にょろにょろと途切れずに出しつづけるナマコもいる。いつもフル稼働の肛門だ。忙しい肛門は穴が大きく開くことが多いため、カクレウオが潜り込みたくなるのも仕方がない。カクレウオにいわせれば、「そこに穴があるから」ということなのだろう。

　日中ということもあって、やはりカクレウオは発見できなかった。

　以前、ある水族館の飼育員から「バケツにナマコを入れておくと、知らぬ間にカクレウオが出てきて泳いでいることもありますよ」と教えてもらったものの、敢えて実践しなかった。一人の中年男性がナマコをバケツに入れている姿は、密漁者かと勘ぐられそうだ。沖縄の海は比較的ナマコに出会いやすいと先述したものの、以前に比べるとその数は激減している。近年、輸出用に沖縄のナマコが乱獲されたため、県内の漁協は漁獲を制限して保全に努めている。コンドイ浜のようにナマコがごろごろいる海は、今や貴重な場所だ。

竹富島を訪れる前のこと。沖縄美ら海水族館に足を運ぶと、「隠れていないカクレウオ」が展示されていた（二〇二三年一二月）。

体長四〇センチほどだろうか、透明な細長い体をした魚が立ち泳ぎをしている。太刀魚《たちうお》のように頭を水面、尾を水底に向けて、垂直に揺らめいている。波打つように揺れつづける体は、細長いリボンのようだ。何だか泳ぎが苦手なようで、時おり水平方向に泳ぎ出しても、すぐに体を垂直に向けてしまう。

展示されていたのはカクレウオの稚魚《ちぎょ》で、まだナマコなどに隠れる前の浮遊期にあたる。カクレウオは大人（成魚・底生期《ていせいき》）になると、体が（透明から）半透明になって、体長が短く

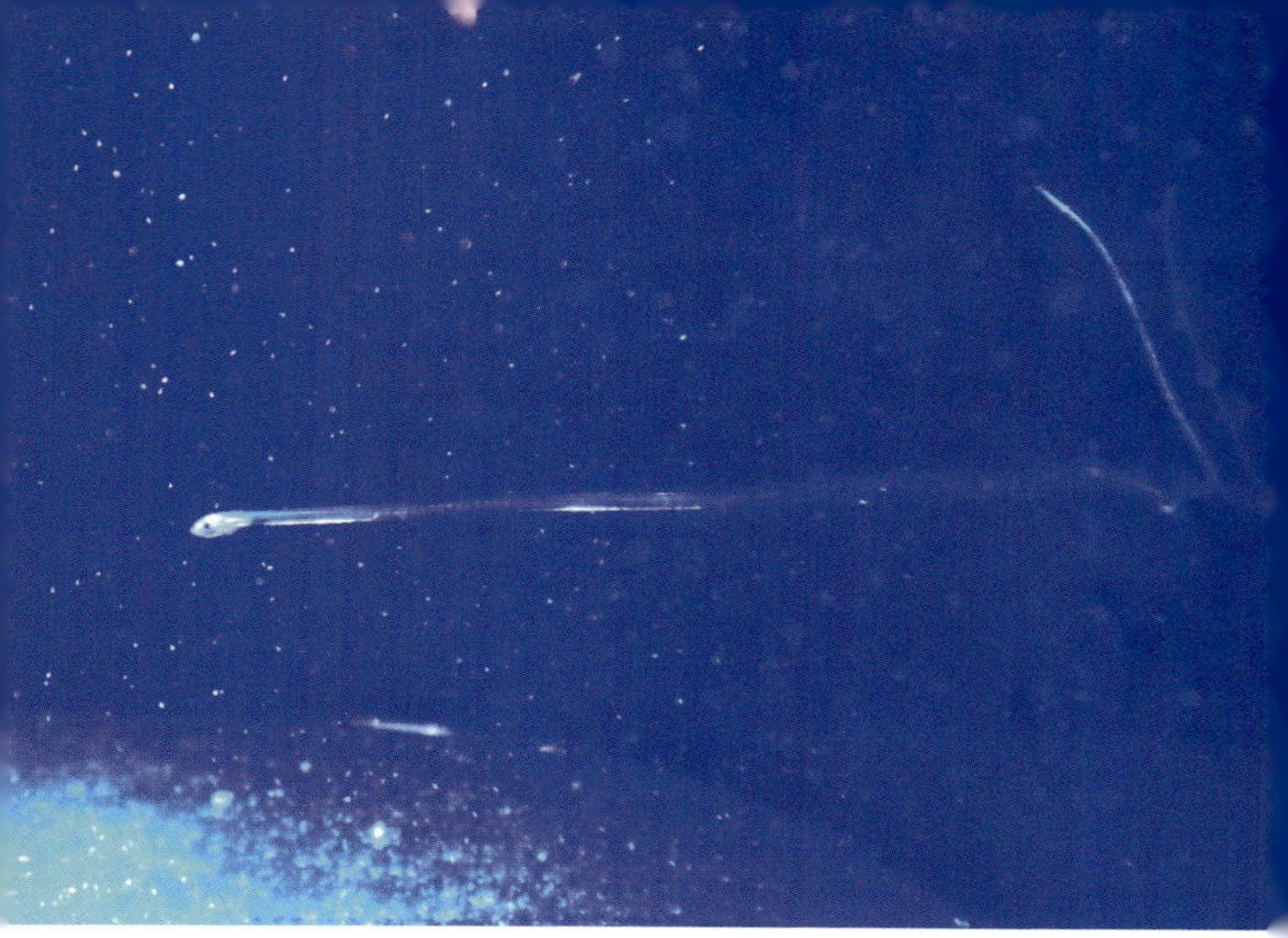

稚魚のカクレウオ。異様に長く、頭以外はほぼ透明な体をしている
（沖縄美ら海水族館）

なるという。大人になって体長が短くなるというのは不思議な気もするが、ナマコなどに「隠れやすい体」になるということだろう。幼い頃の浮遊期は、（透明とはいえ体が長いため）何かと捕食者に狙われやすそうだ。大人（底生期）になってナマコに隠れられるのは、浮遊期を生き延びた「ご褒美《ほうび》」なのかもしれない。

カクレウオは大人になると、なかなか大胆なようだ。

狭い肛門からナマコに隠れるのだから、ナマコ一匹に対してカクレウオ一匹が道義かと思いきや、一匹のナマコの中に複数のカクレウオが隠れているケースもあるという。

一匹のナマコから、一六匹ものカクレウオが出てきたという観察報告もある（『動物たちの奇

カクレウオがジャノメナマコの肛門に潜り込む映像が展示されていた（沖縄美ら海水族館）

行には理由がある』）。それによると、体長四〇センチほどのナマコを研究室に持ち帰ったところ、カクレウオが次々と一六匹も出てきたそうだ。しかもカクレウオの中には、大きなカクレウオの「口の中」に隠れていたものもあったという。つまりナマコに隠れていただけでなく、さらなる穴を求めて、カクレウオの口の中に隠れたカクレウオがいたということだ。カクレウオは、どこまでも穴を追い求める生き物なのか。ナマコの悲鳴が聞こえてくる気がする。

「さすがに一六匹も隠れるのは、ヒドすぎる」などと。

研究者である山内年彦《やまうちとしひこ》氏による調査（沖縄県瀬底島《せそこじま》）では、ニセクロナマコ一八四四匹から四〇匹のカクレウオを採取したとある。一匹の寄生が一七例、二匹が一〇例、三匹が一例だったという（「沖縄のニセクロナマコに寄生するアマミカクレウオの寄生率および食性」『動物学雑誌』）。先の一六匹も隠れていた例はさておき、意外に二匹の寄生は多いようだ。

同研究者による実験も興味深い。ニセクロナマコを入れた水槽に多数のアマミカクレウオを放つと、最高で七匹のカクレウオがナマコの体内に入っていったという（「奄美諸島のニセクロナマコの体腔に寄生するアマミカクレウオの寄生率」同前）。

ただカクレウオは、ナマコの体内では生殖しないようだ。このことはナマコにとって救いだろう。もし何匹ものカクレウオに潜り込まれ、そのうえ産卵までされたら、ナマコはたまったものではない。

偏執的なカクレウオ

野毛《のげ》町（横浜市）の居酒屋で「ナマコ酢」を食す。

この日に食べていたのは、能登（七尾湾）産のアカナマコ（マナマコ）。

薄く輪切りにしたナマコをさっと湯通しして、酢で和《あ》えたシンプルなもの。ナマコ漁がおこなわれる冬季は、ナマコ料理の旬だ。ぬめりのあるナマコは、箸の先からつるつると滑り落ちる。一切れずつ丁寧に挟んで口に運んでは、酒をちびちびと飲む。ナマコのこりこりとした食感、噛めば旨みが広がる濃厚さは、日本酒との相性が抜群だ。ほろ酔いになって、ナマコとカクレウオのことをぼんやりと想像する。

――ナマコにとってカクレウオは、厄介な存在だ。

ただ、ナマコを食べるヒトは、生命を奪うという意味では、カクレウオ以上に迷惑な存在だ。ヒトがカクレウオのことを「厄介な存在」と語る資格はない。そんな負い目を感じて、「カクレウオの長所」を何かしら見つけ出したくなってくる。カクレウオであっても、ナマコの役に立っていることが何かあるのではないか。

なかなか思いつかない。

唯一考えられるとすれば、「洗浄便座」のような役割だろうか。

カクレウオがナマコの肛門を出たり入ったりすることによって、「肛門や消化管を洗浄」していることにならないだろうか。

たとえば世界最大のエイである、マンタ（オニイトマキエイ）。マンタは脱糞しながら、体内にある腸を肛門の外に出して、海水で洗浄をおこなう（マンタの「腸洗い」と呼ばれる）。「腸洗い」をするのは、サメやその他のエイでも見られるという。

ヒトと同じく、肛門や腸をきれいに保つことは生き物にとって重要だ。

後日、調べてみたところ、その可能性（「洗浄便座」のような役割）はなさそうだ。

というのも、一部のナマコには肛門に肛歯《こうし》と呼ばれる五本の歯が生えているからだ。肛歯は石灰質でできた硬質な突起。なぜ排泄物を出す肛門に、立派な歯のようなものが必要なのか。一説では「肛歯はカクレウオに入られないようにするため」と考えられている。まだ肛歯の役割は明らかになっていないものの、たしかに「カクレウオの侵入防止」以外の役割はなかなか思いつかない。

やはりカクレウオは、ナマコにとって「厄介者」なのか。

カクレウオはナマコに一方的な思いを寄せる「ストーカー」なのか。


あらぬ方《かた》へ想像は膨らむ。

「ストーカー小説」ともいえる、川端康成の『みずうみ』（原題『みづうみ』）だ。

――主人公は三〇代半ばの男。

男は倫理観から外れた、愚劣な奇行癖を持っている。

心に留《と》まる女性を見ると、ついつい尾行してしまう性癖を抱えているのだ。

物語は過去と現在、妄想と現実が交錯しながら展開し、男の中にある女性への憧憬と絶望があぶり出される。

ついつい私は、この物語の男にカクレウオの姿を重ね合わせてしまう。

物語では子宮（胎内）の隠喩《いんゆ》のような描写もあり、カクレウオがナマコの体内に潜り込むこととの近似性を感じさせる。

物語における男の暗い情念は、底知れない。

男の郷里は、とある湖畔の村。湖の美しい思い出と、悲しみの記憶を男は抱えている。過去と現在の出来事が交錯して、よからぬ願望が男に込み上げてくる。思わずあとをつけてしまった美しい少女——その少女の瞳の「湖」を裸で泳ぎたい、という願望に囚われてしまうのだ。

とつぜんのおどろきに頭がしびれて、少女の目が黒いみずうみのように思えて来た。その清らかな目のなかで泳ぎたい、その黒いみずうみに裸で泳ぎたいという、奇妙な憧憬と絶望とを銀平はいっしょに感じた。（『みずうみ』）

人間の内奥に隠された情念というのは、何やらはかり知れないものがある——と、学生時代に『みずうみ』を読んだ私は痛切に感じた。

五〇代の今になって読み返してみると、偏執的な主人公の男にカクレウオの姿を重ね合わせてしまうから、不思議なものだ。

たとえどんなにナマコが嫌がったとしても、カクレウオはナマコの柔らかな体内の「湖」で泳ぎたくて仕方がないのだろう。ナマコに一方的な思いを寄せるカクレウオは、いったいどのような「願望」を抱えているのだろうか。もしや息絶えるときは、ナマコの体内で迎えることを望んでいるのだろうか。

カクレウオはナマコだけでなく、ヒトデや貝類などにも身を隠すと先に述べた。

実際に身を隠したまま、死を迎えるカクレウオもいるようだ。

シロチョウガイの中に隠れていた体長十数センチのカクレウオが、真珠になってしまったという記事を目にした（『読売新聞』二〇〇四年一〇月一二日付）。どうやらカクレウオは「禁断の場所」に入り込んでしまったようだ。

誤って侵入したのは、抱え込んだ異物を真珠質にする外套膜《がいとうまく》。カクレウオを異物と認識したシロチョウガイは、長い時間をかけて異物を分泌物で幾重にも包んでいく。やがてカクレウオは「真空パックのような状態」になって、身動きができなくなる。密閉されて、息絶えるカクレウオ。一年ほど経った頃には、光り輝く真珠になっていたという。真珠になったカクレウオは、もう逃れられないと悟ったとき、いったいどのような「心持ち」だったのだろう。閉じ込められてしまった悔恨の思いだったのか。それとも「永遠の穴」にたどり着いた、安らかさだったのか。

ナマコに隠れるカクレウオの多くは、奄美群島（鹿児島県）以南に生息しているようだ。南方の海でナマコを見かけた際は、これからも肛門観察をつづけたい。いつの日か、肛門を出入りするカクレウオに出会えた際は、どのような感懐を抱くものなのだろうか。

もしかすると意外にも、カクレウオを羨《うらや》むような気持ち――を抱いてしまうかもしれない。カクレウオはナマコに一方的な思いを寄せる「不埒《ふらち》な習性」ながら、「情念に従順だ」と感じるかもしれないからだ。

そもそもヒトは社会的な存在だ。社会集団を維持するために、法律もあれば倫理や規範もある。個々人は秩序のために理性という仮面を被って、情念を抑え込む。ただ抑え込みすぎると、生き物らしさ、人間らしさを失ってしまう。社会の秩序や生産性に与《くみ》する「機械」に成り下がってしまう。ヒトはカクレウオの営みを見て、たとえ一時的であっても自分自身を解放したくなるのかもしれない。

誰しも『みずうみ』の主人公を愚劣な男として一蹴《いっしゅう》できない。私を含めてヒトはみな、程度の差こそあれ、満たされない思いをそっと抱えている。それは生理的欲求というよりも、生を燃焼させたい欲望だろう。いわばフランスの哲学者であるジョルジュ・バタイユが指し示す「蕩尽《とうじん》の欲望」のようなものだ。誰しも非合理的な感情や欲望から、完全に目を逸らすことはできない。

有用性に従属する日々は、人間の生を弱める。

時には隠しておきたい自身の内奥を開け放ち、自らが抱える悲しみに真摯《しんし》に向き合わなければならないのだろう。

第3章

「会社員」として生きるには

海の住人がささやく短い物語のなかには、学ぶべきこと、発見すべきことがたくさんある。

ビル・フランソワ『はぐれイワシの打ち明け話』
河合隼雄訳

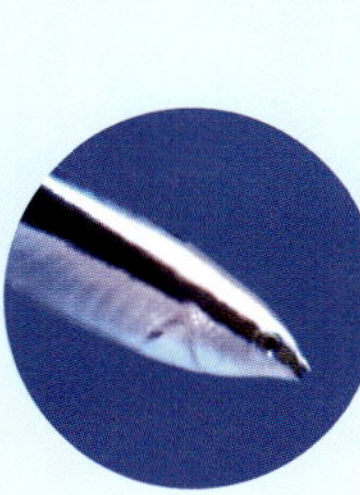

肩の力を抜いて生きる

コバンザメ

Echeneis naucrates

スズキ目
コバンザメ科

コバンザメの吸盤（和歌山県立自然博物館）

追憶のコバンザメ

波打つように体をゆら、ゆらと、くねらせる。

水族館の水槽にぴたりと張りついた、コバンザメ。頭は小判の形をした吸盤《きゅうばん》で固定され、体だけがくねくねと揺れつづける。ゆるりと泳ぎ出しても、すぐにまた水槽のガラス面にくっついてしまう。

水族館でコバンザメを観察していると、見飽きない。下顎が張り出した口は、ぽかんと開いていることが多く、真ん丸な目と相まって、愛嬌たっぷりだ。コバンザメの呆《ほう》けたような表情を観察していると、何だか肩の力が抜けてくる。

「コバンザメ商法」という言葉があるように、コバンザメはクジラやサメ、ウミガメなどの大きな生き物に便乗（吸着）して、おこぼれをいただく「ちゃっかり者」「腰巾着《こしぎんちゃく》」という印象が強い。寄らば大樹の陰といった生き方は、大きな組織にぶら下がる会社員のようで、身近な存在に感じる。

コバンザメは、私の友達だった。

もう四〇年余りも前のこと。

香港で暮らしていた小学生の私は、自宅の水槽でコバンザメを飼っていた。香港には旺角

（モンコック）と呼ばれる繁華街を筆頭に、観賞用の金魚や熱帯魚を扱う店が多くある。ある日、父は大きな水槽と色とりどりの熱帯魚を買ってくれた。

しかし熱帯魚の飼育というのは、意外に難しい。水を入れ替えたり、濾過《ろか》するフィルターをこまめに交換したりしても、熱帯魚はなかなか長生きしてくれない。定期的に店に足を運んでは、新しい魚を補填《ほてん》することを繰り返していた。

ふと店先で目に飛び込んできたのは、コバンザメだった。

まだ幼いコバンザメで、（おそらく）体長は一五センチほどだった。吸盤のあるユニークな姿だけでなく、シュッとした細長い体、ストライプ（白黒の縞《しま》模様）が美しい。くりりとした愛らしい目は、「友達になろうよ」と訴えかけてくる。

思わず懇願した。飼いたい、と。

父は「値段次第だ」とやや渋ったものの、店員に尋ねるとずいぶん安かったようだ。

こうしてコバンザメのいる生活がはじまると、学校から帰宅するのが愉しみになった。とはいえ、いつも水槽のガラス面にくっついているため、なかなか泳ぐ姿を拝めない。コバンザメをしっかり観察できるのは、餌を撒いたときだけだ。餌を水面にまぶすと、さっと泳ぎ出して、ひょいひょいと掬《すく》うように平らげていく。機敏に泳ぐため、餌にありつきたい他の

水槽に吸着するコバンザメ
（和歌山県立自然博物館）

魚は迷惑そうだった。あっという間に餌がなくなってしまうと、また水槽のガラス面に吸着して「定位置」に戻る。

水槽にはナンヨウハギやチョウチョウウオなど多くの熱帯魚がいたものの、とりわけコバンザメは愛らしい存在だった。というのも、コバンザメだけがヒトに慣れてくれたからだ。水槽に手を突っ込んでも怖がらない。好奇心が旺盛なのか、ヒトの行動を悠然と観察しているようだった。吸盤で付着する習性ゆえに「他者」への関心が強いのかもしれない。たとえ学校で嫌なことがあっても、家に帰れば優しい顔立ちのコバンザメが待っている。いつも呆けたような表情で、人懐《ひとなつ》っこく。

香港でコバンザメを飼っていたのは、三年ほどだったか。どの魚よりも長生きだった。きっと生命力も強いのだろう。でも本来はもっと長生きしたはずだ。遠からず日本に帰国する見込みとなり、「水槽じまい」をしなければならなくなった。餌を撒く以外、水槽はほとんど放置された。一匹、また一匹と魚が命を絶って、最後はコバンザメだけが残った。その頃は体長二〇センチ以上に成長していたように記憶している。

振り返ると、残酷なことをしてしまった。水質の管理も怠《おこた》って水は濁《にご》り、コバンザメは苦しそうに窮状を訴えているようだった。ある日、コバンザメはガラス面に吸着することをやめ、水槽の底の砂地に体を横たえるようになった。弱っていることは明らかで、数日後に息を引き取った。

これまで一緒に暮らしてきたのに、最後は放置して苦しみを与えてしまったことを思うと、小学生の私は無性に悲しくなった。

それからは、ほとんど無意識の行動だった。

息絶えたコバンザメを水槽から両手で抱え上げ、自室に運んだ。

新聞紙を広げて、濡れたコバンザメをそっと置く。

子ども用の顕微鏡セットから小さなメスを取り出し、吸盤だけを形見として切り取りはじめた。簡単ではなかった。息絶えているとはいえ、愛らしいコバンザメにメスを入れるのは心が痛む。しかし丁寧に進めても、吸盤は一向に剝がれない。死後の体は黒ずんでおり、おどろおどろしさを醸《かも》し出す。愛らしかった目は、もう白く濁っている。

大胆に推し進めなければ、埒《らち》があかない。えいっ、えいっと、思いっきり力を込めてメスを入れていく。メスを入れれば入れるほど、美しかった体が大きく損なわれていく。吸盤を引き剝がそうとすると、体内から生々しいものがあふれ出てくる。

もう引き返せない。

と、幼心に思った。ここまでコバンザメを無残な姿にしてしまった以上、吸盤だけは何としてでも引き剝がすしかない。もう新聞紙の上は、ぐちゃぐちゃの修羅場だった。

何とか長さ四、五センチほどの吸盤だけを切り取り、不憫《ふびん》な姿となった体は新聞紙に丸めて処分した。ただ切り取られた吸盤も、おどろおどろしい。吸盤を顕微鏡のスライドガラスに載せ、汁が漏れないようにセロハンテープでぐるぐる巻きにした。そうして机の引き出しの奥にしまい込んだ。

生臭さが漂う部屋で、じわじわと後悔のような気持ちが込み上げた。子どもながら、猟奇的なことをしてしまったという負い目があったのだろう。このことは親にもいっさい話をしなかった。

振り返ってみると、コバンザメの吸盤を天日干しにして乾かせばよかった。小学生だった私は、時おり引き出しから吸盤を取り出して匂いを嗅いだ。汁漏れや生臭さが気になれば、さらにセロハンテープをぐるぐると巻きつけた。そんな吸盤をコバンザメの形見として、高校生の頃まで机にしまい込んでいた。祟《たた》られそうな恐怖を感じたのだろう。引っ越しの機会だったか、黒ずんだ吸盤を思い切って処分してしまった。

コバンザメの吸盤をこっそり保管しつづけたことは、奇怪な行動だったかもしれないと長らく後ろめたい気持ちを密かに抱えていた。

しかしコバンザメが死んでから四〇年余り経った今になって、それは常軌を逸した行為ではなかったと思い知るようになった。

南方熊楠と吸盤

二〇二三年一二月、南紀白浜（和歌山県白浜町）を訪れた。

日本有数の観光地である白浜は、由緒ある温泉郷で知られる。温泉郷の近くにある番所山《ばんしょやま》公園には、南方熊楠記念館がある。和歌山県が生んだ「博物学の巨星」「知の巨人」として知られる、南方熊楠。記念館は熊楠が遺した著作や標本、遺品などを保存、展示している。

記念館を見学していると、眩暈《めまい》のようなものを覚える。博物学、民俗学、生物学、粘菌研究など様々な分野におよぶ膨大かつ卓抜した功績は、凡庸な私の頭ではまったく理解が追いつかない。

「これ、です」

と、高垣《たかがき》誠《まこと》館長が小さな紙箱を収蔵庫から取り出して見せてくれた。

そっと化粧箱のような蓋《ふた》を開けると、標本があった。

南方熊楠が保管していたコバンザメの吸盤（和歌山・南方熊楠記念館）

乾物のようにカラカラに乾いた、コバンザメの吸盤だ。

あるのは、小判形の吸盤のみ。計測させてもらうと、長さ一〇センチ、幅三・五センチほどと比較的大きい。

記念館は熊楠の膨大な遺品の整理を進め、保存に努めてきた。この吸盤の標本は、熊楠が箪笥《たんす》の中で保管していたものだ。綿の敷かれた箱に吸盤が収められ、熊楠自身の虫歯（抜歯したもの）も（同じ箱に）保管されていたという。

熊楠による膨大な標本収集は広く知られている。海の生き物に限っても、ホッスガイ（カイメンの仲間）やネコザメの歯など、収集していた珍しい標本は多岐にわたる。

「ここと、ここですね」

高垣館長は熊楠の著作から、コバンザメについて綴られた箇所を教えてくれた（『南方熊楠全集2』）。熊楠が遺した文書はまさに膨大であるため、自力では途方に暮れるところだった。記念館は可能な限り、遺品の標本と著作物を紐《ひも》づけて保存している。そこに費やされてきた労力と時間は、途方もないものに違いない。

熊楠によるコバンザメの記述（二箇所）を見てみよう。

紀州の人家、戸口に平家蟹、麒麟貝、コバンウオ等を懸けて、邪鬼を禦〔ふせ〕ぐことあり。（同前、九四頁）

田辺の漁婦六十歳ほどなるが、印魚《こばんうお》（方言やすら）の頭にある小判形の吮著器《サツカー》を多く貯え、熱冷《ざま》しまた下痢の人に施すに神効ありと言う。骨ごとき硬い物で何の味わいなし。二寸ばかり長きをおよそ三分一ばかり切って味噌汁で薄く仕立てて服するのだ。（同前、四九九頁）

このように熊楠は、紀州で見聞したコバンザメの話を綴っている。「コバンウオ（印魚）」

はコバンザメ、「田辺」は和歌山県田辺市、「サッカー」は吸盤（sucker）を指す。熊楠の記述によると、当時のコバンザメには「魔除け」と「病を治す」という二つの効用があるとされていたようだ。

「魔除け」というのは、頭に吸盤があるという「異形」が「怨霊《おんりよう》を祓う力」と考えられたのだろうか。また「病に効く」とされたのは、吸盤のある魚に「人智を超えた力」を感じ取っていたのかもしれない。あるいはコバンザメは生命力の強い魚であるため、「病に効く」とされていたのだろうか。

いにしえの人々はコバンザメの不思議さに魅せられ、なにがしかの「力が宿る」と信じていたに違いない。小学生だった私がコバンザメの吸盤を無意識に切り取ってしまったのも、無理からぬことだったかもしれない。

熊楠がコバンザメの吸盤をどこで手に入れたのかは、わかっていない。

高垣館長は「和歌山県内なのか、あるいは（神奈川県の）江の島を訪れた際、手に入れた可能性もありますね」という。指し示してくれた文献には、熊楠が一八八五年の四月に江の島を訪れ、土産物屋で標本を収集したことが記されている（『南方熊楠日記1』）。

土産物屋での標本収集――というと、意外な気もする。

しかし江の島では江戸時代から多数の土産物屋が軒を連ね、貝殻やカイメンなど貴重な生き物の標本が売られていた。そのことは訪日していた欧米の研究者にも知られ、ドイツの生物学者だったルードウィッヒ・デーデルラインは「毎週１回は江ノ島を訪れて全ての土産物屋を徹底的に探しまわるならば、一流の博物館に陳列することができるほどの海産動物コレクションをかなり短期間で整えることができよう」と綴っている（「日本の動物相の研究——江ノ島と相模湾」『自然科学』）。

日本政府の招聘《しょうへい》によりデーデルラインが来日していたのは、一八七九年からの二年間。熊楠が江の島を訪れたのは、一八八五年。熊楠がコバンザメの吸盤をどこで手に入れたのかは不明ながら、当時の江の島は珍しい標本を収集する研究者にとって「最前線の場所」だったのだろう。

高垣館長に謝意を伝えて、記念館をあとにする。

記念館の前庭には、昭和天皇の歌碑が建てられている。

昭和天皇は一九六二年に南紀白浜を行幸した。そして田辺湾を眺めながら、三三年前に熊楠と出会った日のことを追憶して歌を詠まれた（熊楠は一九四一年に逝去）。歌碑の前に立っていると、熊楠への追慕の情がひしひしと伝わってくる。

雨にけふる神島を見て紀伊の國の生みし南方熊楠を思ふ

一九二九年、田辺湾に浮かぶ無人島の神島《かしま》で、熊楠は昭和天皇へのご進講をおこなった。粘菌の標本を（贈答用の桐箱《きりばこ》ではなく）キャラメルの箱に入れて献上したことは、伝説的なエピソードとして語り継がれている。天皇の歌に民間人の名が詠まれることは、異例だ。昭和天皇は飾らぬ熊楠の情熱に打たれ、後々までそのことを思い出されたという。

旅を終えても、熊楠が保管していたコバンザメの吸盤のことが頭に残る。おそらく熊楠は、手にした吸盤を幾日も仔細に観察していたに違いない。コバンザメが何かに吸着する際は、吸盤にある縞模様のヒダをぴんと立てる。吸盤の内部が真空状態になることによって、吸着するわけだ。その不思議な仕組みを、熊楠は一心に眺めていたのではないか。熊楠の睡眠時間は短く、四時間以上は決して眠らなかったと伝わる。日中のみならず、家人が寝入ってからも毎夜研究をつづけていたという。

私が調べた限りでは、コバンザメを「魔除け」にする風習、「病を治す」ために食す習慣は、今や紀州で失われてしまったようだ。ただ勝浦漁協（和歌山県那智勝浦町）では、数十年前まで「コバンザメの乾物」が出回っていたという。

勝浦漁港は日本有数のマグロの水揚げを誇っている。勝浦漁港は一九九〇年代頃に、マグロの遠洋漁業から近海漁業の基地へと変貌している。つまり遠洋の冷凍マグロから、近海の生マグロの扱いに転換したことになる。

どうやら遠洋漁業が盛んだった時代は、コバンザメの乾物がごくわずかながら出回っていたようだ。遠洋漁業は一カ月以上といった長期で漁に出る。船の上で過ごす長い時間を有効活用して、マグロに吸着したコバンザメを乾物にしていたのだろう。

ただし広く流通していたのではなく、あくまで一部に出回っていた。コバンザメを丸ごと乾物にしたものもあれば、吸盤だけのものもあったという。いずれも用途は、病を治すために用いられていたようだ。

勝浦漁港に面した食堂の店主も「もう何十年も前かな。たしかに（コバンザメを干したものが）あったねえ」「病に効くらしいから、煎じて飲んだのか、ほしがる人はいたんだよね」と話してくれた。

思わず想像が膨らむ。

コバンザメの乾物をあぶり、フグのヒレ酒のように熱燗《あつかん》に浸す。そうすれば旨みが引き立つ、香ばしい酒になったのではないか。そして酒に浸した吸盤も食すると、滋養強壮になったのではないか——。

コバンザメの叡智

それにしても、なぜ人々はコバンザメの吸盤をかくもありがたがったのだろう。

先に「吸盤のある魚に『人智を超えた力』を感じ取っていたのかもしれない」と記した。

それはコバンザメを用いた漁が、かつて世界各地でおこなわれていたことからも窺える。

コバンザメを用いた漁というのは、いったいどのようなものだったのか。

文献（『はぐれイワシの打ち明け話』）を見てみよう。

——まずコバンザメの尾の付け根に、長い紐の先をくりつける。

ここでのコバンザメは、ヒトに大切に飼われているものだ。

そして漁師は、舟に乗って獲物（ウミガメやサメ）に近づく。

舟には、紐に結ばれたコバンザメがいる（舟底に吸着させたり、舟の生《い》け簀《す》に入れたりして運んだようだ）。

アオウミガメの背に吸着する「太り気味」のコバンザメ（東京・しながわ水族館）

漁師は獲物に近づくと、コバンザメをそっと舟から放って泳がせる。

コバンザメは警戒されることもなく、するすると獲物に近づいて吸盤でくっつく。

以降は、釣りと同じ要領だ。

漁師はコバンザメに結んだ紐を少しずつ手繰《たぐ》り寄せる。

コバンザメは獲物から剝がれないどころか、吸着力を強めて獲物をぐいぐいと後ろに引っ張っていく。紐を回収してコバンザメを引き寄せると、ウミガメなどの獲物も捕らえられるというわけだ。

大きな獲物を引っ張り上げられるほど、コバンザメの吸盤（吸着力）は強力だ。いにしえの人々は、吸盤の力に畏怖《いふ》の念を抱いたに違いない。コバンザメは時速一〇〇キロで泳ぐカジキにくっついても、振り落とされることはないという（その一方でコバンザメの吸盤は前へ押し出されると、するりと剝がれるようになっている）。コバンザメを用いた漁というのは、じつにシンプルな伝統漁だ。

ただし伝統漁は容易なものではない。鵜飼《うかい》における鵜匠《うしょう》と鵜の関係と同じく、ヒトとコバンザメも信頼関係がないと漁は成立しなかったようだ。

獲物にくっついたコバンザメは、紐を手繰り寄せるタイミングを舟上のヒトに伝えたという。コバンザメは紐を通じて、何かしらの「信号」を発していたようだ。ヒトも紐を通じて、その「信号」を感知する。漁に用いるコバンザメはいつも大切に飼われていたため、ヒトとコバンザメの結束が固い。つまり両者に以心伝心、阿吽《あうん》の呼吸があったからこそ、漁は成立していたようだ。

コバンザメを用いた漁が記録されているのは、オーストラリアのトレス海峡やカリブ海、モザンビークやタンザニア（ザンジバル）などで、主に一八、一九世紀までだったようだ。ただ辺境の地では「［学者が］一九八〇年代までこの漁が実践されているのを観察している」との記述もある（同前）。

伝統漁におけるヒトとコバンザメの信頼関係というのは、にわかには信じがたいかもしれない。

しかし、次のような新聞記事を目にした。

沖縄県で三〇年ほどウミガメ漁をおこなってきた漁師の話だ。

記事によると、ウミガメにはいつも体を休める決まった場所（「カメの家」となっている岩）があるそうだ。そこに漁師が潜って近づくと、ウミガメと一緒にいるコバンザメは、カメの背中や首を突っつく。そうしてコバンザメは、カメに危険を知らせているという（『琉球新報』二〇〇〇年一二月一五日付）。

この漁師の話にもとづくと、コバンザメは「他者」を気遣っていることになる。吸着される側（宿主《しゅくしゅ》であるウミガメ）と吸着する側（コバンザメ）には信頼関係があり、何かしらの「対話」がおこなわれているのだろう。だとすると、ヒトとコバンザメの間に信頼関係が育まれても不思議はない。

何だかコバンザメの叡智は、はかり知れない。

なのにコバンザメは、大きな生き物に吸着して、おこぼれを頂戴するだけの「便乗者」「依存体質」という負のイメージが強すぎる。

もちろんコバンザメは大きな生き物にくっついて、おこぼれにありつける機会を得る。宿主の口やエラ、肛門の近くにいることが多いのは、餌（食べ残し）や糞にありつけるためだ。コバンザメは宿主に吸着することで外敵に襲われるリスクを減らし、移動のエネルギーも節約している。

その一方、吸着される側（宿主）にもメリットがある。宿主の体表についた寄生虫をコバンザメが食べてくれる。また先の例のように、コバンザメが危険を知らせてくれる利点もありそうだ。

やはりコバンザメは「大きいもの」「力のあるもの」にすり寄って、ただ依存しているだけではない。会社員に喩《たと》えると、組織に守られつつ、業績に貢献している従業員なのだろう。ただ時には「邪魔」「くっつくな」と宿主から嫌われることもあるので、「吸着する相手探し」の努力は怠れない。

またコバンザメは、吸着する相手をしっかりと見極めてもいる。一蓮托生となって、宿主と命運をともにするわけではない。「離れ時」「逃げ時」も認識しているようだ。

ある日の水族館の出来事を綴った、新聞記事を見てみよう（『読売新聞』二〇一一年八月一六日付）。

——太平洋でジンベエザメが捕獲されたときのこと。

一匹のコバンザメが、ジンベエザメにくっついていたそうだ。

ジンベエザメと一緒にコバンザメも水族館（大阪市の海遊館）で飼われることになり、以降も両者は仲良く暮らしていたという。

そして四年後、ジンベエザメは水族館から故郷の高知県に戻されることになった。

水族館から搬出するために、ジンベエザメを担架に載せる。

すると、コバンザメも一緒にくっついてきたという。

なるほどコバンザメも一緒に仲良く帰りたいのだろうと、水族館の関係者は微笑ましく見守っていたという。

しかし、別れはあっけなかった。

コバンザメは不意にジンベエザメから離れて、ポチャッと水槽に戻っていった。その後は何事もなかったかのように、水槽で新しく飼われることになったジンベエザメにくっついて、仲良く暮らすようになったという。

この記事を読むと、コバンザメは意外に薄情なのかと勘ぐりたくもなる。

しかし、大きな存在に身をゆだねつつも、従属しない生き方は素敵だ。

ヒトの生き方としても、示唆に富んでいるように思える。

自分にとっての大きな存在も、時間の経過とともにその重要性は変化していく。たとえ会社員の気楽さを謳歌《おうか》していたとしても、以降も安泰だとは到底いい切れない。時は移ろう。何事もいざとなったら思い切って、新しい場所へ向かいたい。「この会社しかない」「このパートナーしかいない」などと思い詰めると、得てしてよからぬことになる。時には未練を断って、コバンザメのようにぱっと離れたい。

もしかすると、ヒトはヒトから学ぶ以上に、生き物から学ぶことのほうが多いのではないか。たとえば「悩みを抱えたとき、つらいときは周囲に相談しろ」というのは、一般的によくある助言だろう。しかし周囲がアテにならないからこそ、ヒトは悩み、つらくなる。そもそも今日の競争社会は、人々の飽くなき欲望を駆り立てる。ややもすると分かち合うことを忘れ、利己的な営為が趨勢《すうせい》になってしまう。だとすると、ヒトがヒトから学べることは、相対的に少なくなっているのではないか。

漂泊のコバンザメ

水族館でぼーっとコバンザメを眺めていると、時間が経つのを忘れる。

叡智を秘めているのに、コバンザメはいつも呆けた表情をしている。宿主にくっつく習性を持つコバンザメは、周囲に警戒心を抱かせない天才だ。呆けた表情は、つらいことも忘れさせてくれる魔力がある。

ところでコバンザメは、本当のサメ（軟骨魚類）ではない。硬骨魚類であり、スズキ目コバンザメ科に属している。

コバンザメは、なぜ「サメ」と呼ばれるようになったのだろうか。

それは、サメのような見た目をしているからだ。コバンザメはサメに似た、細長い流線形の体をしている。また体表も（一見すると）つるりとしており、サメに似ている。サメはサメ肌と呼ばれるように、実際には細かな鱗《うろこ》がある（楯鱗《じゅんりん》と呼ばれる鱗）。コバンザメの鱗も極めて細かいため、サメのような「つるりとした肌」に映る。

コバンザメの仲間は、八種類ほどが知られている。コバンザメをはじめ、シロコバン、クロコバン、ヒシコバン、スジコバン、オオコバン、ナガコバン、ヒナコバンの八種。

いずれもコバンザメ科であって、頭に小判形の吸盤がある。しかし、コバンザメを除けば「サメ」の名はつかない。コバンザメだけが唯一、体長一メートルほどになる大型種だからかもしれない。

二〇二三年一一月、和歌山県立自然博物館（海南市）の水槽でシロコバンに出会った。

まさに白い体をしたコバンザメのようだ。わずかに灰色のまだら模様もある。ややぽっちゃりした体長二〇センチほどのシロコバンは、地元の漁師が網を引き揚げた際に見つかったもの（二〇二一年、水深二五〇～二八〇メートルの紀伊水道）。全国的に見ても、シロコバンは珍しい。和歌山県内では、これまで戦前に記録された報告例しかなかったという。

水槽のガラス面にくっついて、ゆらゆらと体をくねらせるシロコバン。美しい頭の吸盤は、第一背ビレが進化の過程で変形したものだ（コバンザメ科はすべて同様）。「背ビレが進化して、小判形の吸盤になった」と頭では理解しても、なかなか腑《ふ》に落ちない。いったいどのような進化の過程をたどれば、こんなにも精妙な吸盤が生み出されるのか。造化の妙に、ただただ感服させられる。

一方、ふと現実的なことも頭をもたげてしまう。コバンザメの味はどのようなものなのか、と。

意外にも美味しい魚として、コバンザメは密かな人気がある。なかなか市場に出回ることは少ないが、鮮魚店などでごく稀に見かけることがある。

東京大学柏キャンパス（千葉県）にある寿司店（「お魚倶楽部はま」）で、コバンザメの刺身を食する機会を得た。ここは定番の魚だけでなく、珍しい魚も扱う店として知られている。

珍しいコバンザメ科のシロコバン（和歌山県立自然博物館）

コバンザメ（高知県産）の刺身、その味はどうだろう。

白身には脂のサシが多く入っており、脂がのっている。やはり、美味だ――。ハマチのような味がする。脂の甘みがありつつも、どこかあっさりした後味はカンパチに近いのかもしれない。おのずと日本酒が進む。店主に訊くと、コバンザメは一年を通じて出回っているという。ただ水揚げが少ないため、入荷する機会は本当に稀だそうだ。それでも店に並ぶと、とても人気があるという。

ああ、ヒトはじつに勝手なものだ。

私はコバンザメの愛嬌や叡智を綴りつつも、その美味しさにも惹かれてしまう。自身の気ままさが、気恥ずかしい。ただ一方のコバンザメも、自由気ままに生きているようだ。そのことに少し救われるような心持ちがする。


最後にコバンザメの「気ままな生き方」を見てみよう。

コバンザメは、世界中の温暖な海に生息している。すっかり吸着することをやめて、海底でごろごろ寝そべってばかりのコバンザメもいるという。コバンザメの習性は、環境によって変化するようだ。

「変な表情」で泳ぐコバンザメもいる（和歌山・京都大学白浜水族館）

「ありゃ、海底でコバンザメがごろごろと死んでいる——と思ったよ」

と、ダイビングのガイドは、コバンザメが海底で寝そべっている姿をはじめて見たときの驚きを語る。奄美大島（鹿児島県）の瀬戸内町には、コバンザメが海底でごろごろと群れている場所がある。砂地に腹をつけて横たわっているコバンザメは、吸着することも、泳ぐことも面倒くさくなってしまったように映るという。

古仁屋《こにや》漁港から北西三キロほどの位置に、大和《やまと》浜《はま》と呼ばれる潜水ポイントがある。コバンザメが海底で群れている場所だ。二〇二三年一一月、先のガイドに連れていってもらった。水深二〇メートル近くまで潜ると、海底は白い砂地が延々とつづいている。

コバンザメの群れは、どこだろう。

——いない。忽然《こつぜん》と消えたかのように一匹もいなかった。

潜水を終えて船に上がると、ガイドは申し訳なさそうに首をかしげる。

「これまでは（コバンザメが群れて）いたんだけどねぇ」

いやいやダイビングにおいて「空振り」というのは、よくあること。また再訪すればいいと、次の機会を探った。

しかし以降も連絡を取り合ってみたものの、「すっかりいなくなった」という。かつては数十匹、多ければ数百匹のコバンザメが、海底の砂地でごろごろしていた潜水ポイントなのに、残念ながら私はその姿をまだ目にしていない。

そもそもなぜコバンザメが群れていたのかというと、餌が潤沢だったためのようだ。瀬戸内町はクロマグロの養殖が盛んで、大和浜の沖合にも巨大な「養魚用いかだ」が浮かんでいる。そこで撒かれた餌（の残り）が、潮流でたっぷりと大和浜に流れ込んでくるようだ。つまり海底でコバンザメが口を開けているだけで、潤沢な餌が手に入る。そのため、海底でごろごろする生き方に変化したようだ。

たしかに水族館でも、吸着しないコバンザメの姿を時おり目にする。水槽の底でごろごろ

水槽の底でごろごろ寝そべるコバンザメ（福井・越前松島水族館）

してばかりのコバンザメがいる。

コバンザメの「気ままな生き方」は素敵だ。大きな生き物に吸着することさえも面倒になれば、「他者」に頼らず生きていく。餌に困らないのであれば、ごろごろと寝そべって生きていく。

コバンザメは呆けた表情で、ヒトに語りかけてくるかのようだ。

「肩の力を抜きなよ」と。

奄美大島の大和浜にコバンザメが現れなくなったことも、どこか清々しい気持ちにさせるから不思議だ。

気ままな天才であるコバンザメは、もっと快適な場所をどこかに見つけたのかもしれない。あるいはくっつく習性を思い出して、ふと誰かと旅に出たくなったのかもしれない。

まじめに、賢明に生きる

ホンソメワケベラ

Labroides dimidiatus

スズキ目
ベラ科

ホンソメワケベラ（愛知・竹島水族館）

働き者の「会社員」

コバンザメが悠々と組織にぶら下がる「会社員」だとすると、ホンソメワケベラはひっきりなしに動き回るので「営業職の会社員」のようだ。

体長一〇センチほどのホンソメワケベラは、魚についた寄生虫を食べる掃除魚《そうじうお》（クリーナーフィッシュ）として有名だ。スマートな流線形の体、白黒のストライプ（縞模様）が美しい。体には青色のグラデーションも帯びている。

ホンソメワケベラは、魚の体表やエラについた寄生虫（甲殻類）、傷ついた体表（バクテリアに感染した組織）を口先で除去する。鳥が餌をついばむように、ちょんちょんと摘み取っていく。そのためホンソメワケベラは、口先がピンセットのように細く尖っている。いわゆる「おちょぼ口」だ。またホンソメワケベラは「歯磨き」もしてくれる。大きな魚がぽかんと口を開ければ、歯に残ったカスをつついて食べてくれる。

ホンソメワケベラは、比較的出会いやすい。

千葉県以南でダイビングやシュノーケリングをすると、白黒の縞模様が目立つこともあって、浅瀬（岩場やサンゴ礁）でよく目にする。水族館でも出会える機会は多い。尾ビレを振って、ひょい、ひょいと跳ねるように泳ぐ姿は、目に飛び込んできやすい。

ホンソメワケベラは「おちょぼ口」をしている（愛知・竹島水族館）

掃除魚であるホンソメワケベラは、大きな魚に食べられることはない。寄生虫を食べるホンソメワケベラと、寄生虫を食べてもらう魚（クライアント）。互いに利益が生まれる関係、相利共生《そうりきょうせい》が築かれている。

クライアント側の魚は、気持ちよさそうだ。掃除中はじっとして、うっとりと恍惚《こうこつ》の表情を浮かべる。やがてエラや口を大きく開けては、「もっと、もっと」とホンソメワケベラに掃除を促す。

ホンソメワケベラは相手に寄り添って、魚の全身を撫でまわすように行ったり来たりする。魚の寄生虫を食べるだけでなく、魚の体表を胸ビレや腹ビレでさわさわと触って、マッサージもしているのだ。ホンソメワケベラはマッサー

エラを掃除。ナンヨウツバメウオが心地よさそうに口を開ける（和歌山・京都大学白浜水族館）

ジで相手を落ち着かせて、掃除しやすい状況をつくり出す。触られる側の魚も接触刺激によって、ストレスホルモンのレベルが下がるという。ホンソメワケベラに掃除をしてもらう気持ちよさは、容易に想像できる。

水族館などでドクターフィッシュと呼ばれる小魚、ガラ・ルファに出会ったことのある人も多いだろう。西アジアの河川に生息する、体長十数センチほどの淡水魚だ。体験コーナーでヒトが水槽に手を入れると、すぐにガラ・ルファがわらわらと寄ってくる。

ドクターフィッシュの名の通り、皮膚の古い角質をちょんちょんと口先で食べてくれるため、ヒトの神経が活性化されるという。美容や皮膚治療の効果もあるとされる。わずかにくすぐっ

腹ビレでナンヨウツバメウオをマッサージするホンソメワケベラ（和歌山・京都大学白浜水族館）

たいものの、魚に皮膚をつつかれるのは快感だ。「もっと、もっと（皮膚をつついて）」と、促したくなるような心地よさがある。やはりホンソメワケベラに掃除をしてもらう魚は、さぞかし気持ちいいことだろう。

ホンソメワケベラは働き者だ。

水族館で眺めていると、ホンソメワケベラは機を見るに敏であって、掃除をしてほしそうな魚と、「今は結構です」という魚を見分けながら、魚の群れを縫うようにして泳ぎ回る。相手に愛嬌を振りまいても、つきまとわない。ヒトにとっても重要な教訓だ。

よくよく考えると、不思議だ。

そもそも水族館の生き物は、餌にはいっさい困らない。与えられる餌で十分なはずなのに、なぜこんなにも掃除魚として働く必要があるのだろうか。

尾道市（広島県）にある福山大学マリンバイオセンター水族館で、興味深い話を聞かせてもらった。水族館の運営管理は大学生が担当しており、魚のことを尋ねると丁寧に応対してくれる。飼育担当の学生によると、ホンソメワケベラは（与えられる）餌のオキアミを食べているものの、水槽にいる他の魚の掃除も欠かさないという。

「まじめなんですかね。水槽で飼われても（クリーニングの）習性は失わないですから」

そして隣の水槽、ウツボと一緒に飼われているオトヒメエビを指さす。

猫のヒゲのような長くて白い触角を持つ、小型のエビだ。赤白の縞模様が特徴的なオトヒメエビは、魚の掃除をする習性で知られている（クリーナーシュリンプ）。ホンソメワケベラと同じく、寄生虫や傷ついた組織などを魚から優しく摘み取って食べてくれる。

「水槽で飼われるようになった当初、オトヒメエビはウツボの口をちゃんとクリーニングしていたんですよ。でも餌をもらえることに慣れたのか、すっかりクリーニングしなくなりましたね」

と、飼育担当の学生は少し寂しそうに語る。

そう、掃除の習性を失わない生き物もいれば、習性を失うものもいる。

ゼブラウツボの口を掃除するホンソメワケベラ（広島・福山大学マリンバイオセンター水族館）

ホンソメワケベラに惹かれるのは、その「まじめさ」なのかもしれない。たしかに各地の水族館で「やる気のないホンソメワケベラ」に出会ったことは一度もない。餌が与えられる「気楽な環境」であっても、ホンソメワケベラは掃除魚としての習性を失わないのだ。

ホンソメワケベラを観察していると、自身の若かりし頃を思い出す。

二十数年も前、三〇代になった頃のこと。私は勤めていたテレビ局（日本テレビ）を辞して、大学院での研究に専念していた。研究と称して自腹でアフリカ各地を一人で歩き回っていたため、すっかり貯金が底をついてしまった。たまたま広告代理店（東急エージェンシー）が正社員の中途採用をしていたので、クリエイティブ職で応募。大学院の博士課程に籍を置いていたものの、「仕事をしっかりしてくれれば問題ないから」と、その当時は寛大に採用してくれた。

しかし入社当日に蓋を開けてみると、配属は広告営業職だった。不平不満を述べつつ、しぶしぶ働きはじめたのは、さしあたっての給与がほしかったためだ。

それからの三年間は、まるでホンソメワケベラだった。

広告営業の仕事は、何社ものクライアントを担当する。先方の広報部から販促の相談を受けては、メディアを用いた広告戦略を提案する。予算の大きい案件では、コンペ（競合プレゼン）を課されることもある。提案が無事に通ったら、その実施も遂行しなければならない。

何だか毎日が忙しい。A社、B社、C社……と同時に仕事が進行し、A社の仕事に専念していると、B社C社から「あの件はどうなったの」「早く資料がほしい」などと催促が入る。B社C社に対応していると、A社から「（提出した資料の）方向性がピンとこない」などとクレームが入る。

そんな目まぐるしい日々に意外にも充実感を覚えたのは、広告営業はクライアントを悦ばせる仕事だからだ。もっというと相手を「気持ちよくさせる仕事」だ。ホンソメワケベラのようにクライアントに寄り添って、相手の悩みをクリーニングして解消する。クライアントが悦んでくれて相手から必要とされると、自己の承認欲求が満たされる。いや、誰かの役に立つ仕事は純粋に愉しいものだ。大学院での狭い人間関係に鬱屈《うっくつ》していた私は、研究を放り出して目まぐるしく働いた。

仕事に慣れてくると、要領がわかるようになってくる。B社よりもA社、C社よりもB社と（口外しないものの）優先順位をつけて効率よく仕事を回すようになる。優先すべきは予算規模と相手の人柄（理不尽な要求をしないか否か）だ。全方位に「いい顔」をしていては、手が回らなくなる。

じつはヒトと同じく、ホンソメワケベラにも優先順位があるという。クライアントを選別するような行動をしているのだ。

ホンソメワケベラが海で生息している場所は、クリーニングステーション（クリーニングスポット）と呼ばれる。そこに掃除をしてもらいたい魚が集まってくるため、時には「混んでいる理髪店」のように順番待ちとなって、魚が列をなすこともある。

ホンソメワケベラは普段からよく訪れるクライアントを「良客」として認識し、しっかりと掃除をおこなうという。一方で「一見《いちげん》さん」のようなクライアントは、アテにならないので優先順位が低くなる。なかなか掃除をしなかったり、途中で掃除をやめてしまったりするケースもある。つまりホンソメワケベラにも「好きな客と嫌いな客」がいるわけだ。

やはりホンソメワケベラの習性は、営業の仕事と似ている。かつての私にも「(たいした仕事でもないのに) 横柄なクライアント」がいた。仕事を発注する側のクライアントは予算を握っているという意味で、強い立場にある。しかし尊大であったり理不尽な要求をしたりすれば、受注者側に(水面下で) 嫌われる。嫌われたクライアントは、受注者にいい仕事をしてもらえなくなってしまう。

ニセクロスジギンポは「厄介者」なのか

周囲から愛され、頼りにされるホンソメワケベラは羨《うらや》ましい。掃除魚は捕食される心配もないので、怖いものなしだ。

が、やはり自然界は甘くない。

ホンソメワケベラの「仮面」を被った魚が存在する。

見た目がホンソメワケベラとそっくりな、ニセクロスジギンポだ。ホンソメワケベラはベラ科なのに対し、ニセクロスジギンポはイソギンポ科の魚。つまり本物とはまったく縁のないギンポが、掃除魚という「特権階級」のホンソメワケベラに成りすましているわけだ（擬態）。ホンソメワケベラとニセクロスジギンポは、容易に見分けがつかない。外見や大きさだけでなく、跳ねるような泳ぎ方までそっくりだ。

ニセクロスジギンポは掃除魚に擬態することによって、捕食される確率が低くなる。ニセクロスジギンポの口には鋭い牙のような歯があり、掃除魚と勘違いして近づいてきた魚の皮膚やヒレを噛みちぎって逃げる。

ホンソメワケベラにとってはクライアントの信頼を損なってしまうため、ニセクロスジギンポの存在は迷惑千万だろう。しかし研究が進むにつれ、「濡れ衣」だった可能性も示されるようになってきた。どうやらニセクロスジギンポは「常習的に魚に噛みついている」わけではなさそうだ。掃除魚と勘違いして近寄ってきた魚に、稀に噛みついて反撃する程度ではないかと考えられている。ニセクロスジギンポの胃の中を調べた研究では、魚の皮膚片やヒレはほとんど見つからなかったという（『朝日新聞』二〇一七年一一月三日付）。

ホンソメワケベラは水族館でよく目にするが、ニセクロスジギンポにも稀に出会える。あまりにもそっくりなので両者を見比べてみようという趣旨で、水族館の同じ水槽に飼われていることがある。

ニセクロスジギンポ（沖縄美ら海水族館）

二〇二三年一二月に沖縄美ら海水族館を訪れると、「イノーの生き物たち」という広い水槽に、ニセクロスジギンポがいた。ここはイノー（サンゴ礁の浅い海）を再現しており、水槽の高さが低い。水槽を上から見下ろしたり、しゃがんで水槽のガラス面を眺めたりすることによって、実際の浅瀬に似た雰囲気を味わえる。

ニセクロスジギンポは、水槽のガラス面に沿うようにして、ひょい、ひょいと跳ねるように泳いでいる。腰を下ろすと、すぐ間近でニセクロスジギンポを観察できる。やはり一見すると、ホンソメワケベラにしか見えない。

しかしニセクロスジギンポは、（水槽にいる）他の魚に近づくことはしない。他の魚も一向に近寄ってこない。いつも他の魚と寄り添うようにして泳ぐホンソメワケベラとは、明らかに異なる。

ただ難しいのは、外見上の見分け方だ。

ニセクロスジギンポの口には鋭い牙のような歯があるといっても、泳いでいるとわからない。飼育員は「口の位置で見分けてください」と助言してくれる。なるほど、たしかにニセクロスジギンポは「おちょぼ口」ではなく、口が下向きになっている。背ビレの位置も異なるようだが、その点はなかなか見分けられない。

飼育員は「この水槽に飼われている生き物は、どれが本物の掃除魚（ホンソメワケベラ）なのかをしっかり認識している様子でしたね」という。

ニセクロスジギンポを長らく観察してみた。

口の向き以外にも、何かが違う気がする。

しかし、その何かがわからない。ニセクロスジギンポは「少しぽっちゃりした体形」にも感じるが、ホンソメワケベラと大きく異なるものではない。

相違点——それは、もしや「人相」ではないか。

ホンソメワケベラには、「人のよさ」が滲み出ているような愛嬌がある。一方のニセクロスジギンポには、やや「やさぐれた人相」を感じる。両者の「目つき」が、わずかに異なっているように感じられるのだ。

両者とも体の縞模様に合わせて、目にも黒い筋が入っている。それでもホンソメワケベラの目は、白目が比較的くっきりしているので、「目つき」に愛らしさが滲む。理知的な「目つき」でもある。一方のニセクロスジギンポは、やや「目つきが悪い」ように感じる。目に黒い筋がしっかりと刻まれているため、「眉をひそめた疑わしそうな目」のようにも映るのだ。もしかすると「(ホンソメワケベラに) 擬態している負い目」が、ニセクロスジギンポの目の表情に表れているのだろうか。

このことを飼育員に伝えてみた。

目にある黒筋のわずかな違いで、両者を見分けられるのではないかと。

飼育員は水槽を執念深く眺める中年客にも、優しく接してくれる。

「(真偽はさておき) たしかに、そうかもしれませんね」と。

そして水槽にホンソメワケベラの姿が見あたらないことも尋ねてみた。そもそもこの水槽は両者を見比べて、わずかな違いを観察する趣向もあったはずだ。

「大きな声ではいえないのですが」と、飼育員は声を潜める。

ある朝、飼育員が館内を見回ると、ホンソメワケベラは水槽前の床に落ちて息絶えていたという。夜間に他の生き物の動きに驚いてしまったのか、ホンソメワケベラがジャンプして低い水槽を飛び出してしまったようだ。

飼育というのは本当に難しい。生き物の命を絶やさないだけでなく、逃がさないという苦労も生じる。たとえ四方が囲われていても、海の生き物は垂直に逃げ出す術も持っている。ホンソメワケベラが飼われていた低い水槽は、海の浅瀬に似せた親しみやすさが特長だ。生き物が逃げ出さないように、水槽に蓋をするわけにもいかない。

ただホンソメワケベラが、水槽の外にジャンプしてしまったことはよく理解できる。ホンソメワケベラは上下左右に踊っているように泳ぐだけでなく、垂直に急上昇する泳ぎも見せる。繁殖行動ではペアが垂直に上昇して放卵・放精するというから、勢いよく垂直に泳ぐことも習性なのだろう。海水面近くまで上昇して産卵すれば、受精卵を広範囲にちりばめることができるわけだ。

——水槽にホンソメワケベラがいなくて、却ってよかったかもしれない。

などと、よからぬことを想像してしまう。

ニセクロスジギンポは他の生き物から離れて、ぽつんと水槽を泳いでいる。その姿には、どこか哀愁が漂う。それは本物（ホンソメワケベラ）になれない悲しみ、他の魚に「偽者だ」

定期船を降りると、美しい砂浜が広がっている（沖縄・水納島）

とバレてしまった悲しみだ。もし水槽に両者がいれば、その対比は顕著になっただろう。周りからチヤホヤされるホンソメワケベラ、水槽の片隅でひっそりと泳ぐニセクロスジギンポ。そうするとニセクロスジギンポの哀愁は、より色濃く映ったに違いない。

沖縄美ら海水族館を訪れた翌日、水納島《みんなしま》へ渡った。水族館の南西、約八キロ沖にある小さな島だ。周囲五キロほどの島を取り囲むのは、真っ白な砂浜、豊かなサンゴ礁。沖縄県内でも屈指の美しさを誇る海は、多くのレジャー客を惹きつける。しかし訪れたのは、一二月の下旬。延々とつづく真っ白な砂浜には、誰もいない。水温は二三度ほど。上半身に薄手のウエットスーツを纏って、サンゴ礁の海を泳ぐ。

水がひときわ澄んでいるため、水中観察がしやすい。水深一・五メートルほどの浅瀬には、ホンソメワケベラが多く見られる。やはり白黒の縞模様は、水中でよく目立つ。「お掃除、ご苦労さまです」と、心の中で声をかけたくなる。

しかし、ふと気になる。

浅瀬で散見されるホンソメワケベラ。ただ、わずかな違和感を覚える。よくよく眺めてみると、体がほんの少しだけぽっちゃりしているようにも感じられる。「目つき」に関しては、泳ぎ回っている水中ではなかなか見分けがつかない。

ホンソメワケベラを小型の水中カメラで撮って、その場で画像を拡大してみた。

どうだろう。

粗い画像をよくよく確認してみると、口は「おちょぼ口」ではなく下向きになっている。すっかりホンソメワケベラだと思い込んでいた魚は、ニセクロスジギンポだった。しかし泳ぎ回って観察すればするほど、よくわからなくなってくる。別の場所で撮影した画像を確認すると、口先は間違いなくホンソメワケベラだった。もはや体形や「目つき」では、まったく見分けられない。中にはホンソメワケベラのペアに見えても、片方はニセクロスジギンポの可能性もある。どうやら水納島の浅瀬では、ホンソメワケベラとニセクロスジギンポが混在して生息しているようだ。

神々しい水納島の海は、釈然とせずに泳ぐ中年男性を窘《たしな》めるかのようだ。

「知識だけで、わかったつもりになるなよ」と。

画像は粗いが「下向きの口」はニセクロスジギンポと識別できる（沖縄・水納島）

ホンソメワケベラの聡明さ

ホンソメワケベラは単独やペアでいることもあれば、オス一匹とメス数匹で暮らしていることもある（一夫多妻制）。ホンソメワケベラは雌《し》性先熟《せいせんじゅく》の魚だ。すべてがメスとして成熟し、あとになってオスに性転換する。一夫多妻制の集団にオスがいなくなると、いちばん大きなメスがオスに変わる。一方でオスが多くなると、オスからメスに性転換する。ホンソメワケベラは、性別を行ったり来たりできるわけだ。

ホンソメワケベラのペア（沖縄・水納島）

魚類全体を見わたすと、性転換をしない魚もいれば、雄性先熟《ゆうせいせんじゅく》の魚もいる。雄性先熟はホンソメワケベラとは逆に、すべてがオスとして成熟し、あとになってメスに性転換する（クマノミやイシダイなど）。魚の性は非常にややこしいものの、それぞれの種が子孫を残すために最適な進化を遂げている。

ホンソメワケベラには、高度な能力もある。大阪市立大学（現在は大阪公立大学）の実験結果によると、ホンソメワケベラは鏡に映った姿を自分自身だと認知するという。

実験は次のようなものだ。

ホンソメワケベラの顔にホクロのような「印」をつけて、鏡のある水槽に戻す。

やがてホンソメワケベラは、鏡に映った「印」

に気づく。

するとどうだろう。ホンソメワケベラは、水槽の底に顎をこすりつけはじめたという。

突如生じた顔の「印」を、取り除こうとする動きをしたのだ。「印」は寄生虫といった「邪魔なもの」に映ったのだろう。つまり鏡に映っているのは、自分自身だと認知していることになる。この貴重な実験結果は、魚にも高度な自己認識能力があることを示している（『魚にも自分がわかる』）。

生き物の研究が進むにつれ、「賢いのは人間が頂点で、次に霊長類、その次はその他の哺乳類……」といった動物観（人間中心主義）は、揺らぎつつあるようだ。魚であっても痛みを感じるし、心を持っている可能性もある（同前）。

魚の小さな脳は、単純な脳ではない。「大きな脳を持っている生き物のほうが賢い」という序列は、今後の研究でどんどん覆《くつがえ》されていくに違いない。

いや、どうだろう。ヒトが競争や開発に明け暮れて、自然環境を損ないつづけていることを考えると、ヒトが最も「賢くない」のかもしれない。

掃除魚として周囲から信頼され、聡明さも併せ持つホンソメワケベラ。完璧なように思える魚だからこそ、ニセクロスジギンポは何としてでもホンソメワケベラに成りすましたかったに違いない。

気品と愛嬌が調和したような表情のホンソメワケベラは、いつまでも眺めていたくなる。水族館でホンソメワケベラを長らく観察していると、広告営業としてあくせく働いていた三〇代の頃の自分を思い出す。

結局は忙しさに疲れ切ってしまい、広告から出版の仕事に方向転換したものの、ホンソメワケベラのように働いた三年間はそこそこ愉しいものだった。クライアントの優先順位をしっかりと認識して、要領よく対応する。そしてクライアントが抱える悩みを解消して、相手を気持ちよくさせる。

いつも仕事で機敏に身体を動かしていたおかげだろうか。

当時の私は、ホンソメワケベラのようにスリムな体形だった。

ぽっちゃりした五〇代になった今、水族館でホンソメワケベラを眺めていると、遠く過ぎ去った日々がゆらゆらとよみがえってくる。

第4章 偏見をはね除ける

普段は注目もされない多くの生きものがいること、〔中略〕それら全てが自分にとって大切な存在であるように思えてくる…

柳研介『イソギンチャクを観察しよう』

長くて美しい、厄介な棘

ガンガゼ

Diadema setosum

ガンガゼ目
ガンガゼ科

長い棘を持つガンガゼ（鹿児島・坊津の網代浜）

「厄介者」の愛おしさ

下関市（山口県）の海産物といえば、フグが真っ先に思い浮かぶ。

しかし下関では、ウニもフグに並ぶ代表的な特産だ。とりわけ瓶詰のウニは、下関が発祥の地といわれている。

二〇二三年一〇月二〇日、下関市にある赤間神宮《あかまじんぐう》を訪れた。

ここでは例年、「うに供養祭」が開かれる。市内のウニ加工業者らが収獲に感謝し、来季のウニ豊漁を祈願するものだ。

供養祭では下関で獲れたムラサキウニを神前に供え、参列者は玉串を捧げる。そして奉納を終えた一行は、最後に赤間神宮の前にある岸壁へ移動する。目の前は、海（関門海峡）だ。

左手（東）には本州と九州を結ぶ関門橋があり、対岸（南）には門司区（福岡県北九州市）の町並みも見わたせる。ここは海峡が最も狭い早鞆《はやとも》ノ瀬戸《せと》に近く、潮流が激しい。岸壁から眺める海は、川の急流のように潮が流れている。

岸壁に並んだ一行は、先ほど神前に供えたムラサキウニを手にする。

「それっー、ウニさま」

「また来年も、よろしくお願いします」

ムラサキウニを海に放流する「うに供養祭」の参列者（山口・赤間神宮）

などと口にしながら、参列者は生きているウニを一匹ずつ海へ放流する。ボールのように空高く放られたウニは、放物線を描くようにして潮流に呑み込まれていく。

やはり高級食材となるウニは、海からの大切な恵みだ。供養祭におけるウニの丁重な扱いは、ヒトの暮らしを大きく支えてくれていることを物語っている。

しかし、どうだろう。

ウニはウニでも、ほとんど見向きもされないウニがいる。

「厄介者」のウニとして名高い、ガンガゼだ。

ガンガゼは「長い棘に毒があるウニ」として、広く知られている。ガンガゼは一般的なムラサキウニやバフンウニと、殻の大きさはさして変わらない（殻径《かくけい》が五〜九センチほど）。しかし、棘が異様に長い。棘の長さは、二、三〇センチにも達する。棘の先端は鋭く尖っており、ヒトの皮膚を容易に突き刺す。刺さった棘はすぐに折れて、皮膚内に残ってしまう。棘の表面には細かい突起があり、棘を抜き取ることは難しい。何より棘には毒があるため、刺されると大きく腫れて強烈に痛む。病院での治療が必要になることも多い。

幸い私は難を逃れているが、ガンガゼに刺された知人はたくさんいる。磯で（気づかずに）ガンガゼを踏んで、刺されることが多いようだ。ウエットスーツやブーツ、グローブを着用していても、貫通して刺さることがあるので厄介だ。

ガンガゼは温暖な海域を好み、日本では本州中部以南の浅瀬に生息している。海水浴や磯遊び、シュノーケリング、ダイビングなどをする際は、身近にいる危険な生き物だ。しかもガンガゼはコロニー（群れ）をつくる習性があるため、うじゃうじゃとガンガゼがいることも多い。

しかし「厄介者」とされる生き物には、親近感を覚える。

そもそも海の「人気者」よりも「厄介者」のほうが、自分自身に重ね合わせやすい。五十数年生きてきた私は、おそらく周囲からチヤホヤされたことは一度もない。とりわけ会社勤

ガンガゼはコロニーを形成する（鹿児島・坊津の網代浜）

めをしていた頃は、得てして仕事に身が入らなかった。海へ行くことばかり考えていた。なのに何かと会社の指図《さしず》には反発するため、振り返ってみると、私自身が厄介者だったのかもしれない。

そんな半生もあって、「厄介者」とされるガンガゼには情がわく。

そもそも生き物は自らが生き延びることがすべてであって、周りからどんなレッテルを貼られようが関係ない。ヒトも自分を信じて生き延びることが第一だ。

さて。普段は見向きもされない、ガンガゼ。だが、よくよく観察すると、美しい生き物だ。針山のように延びる二、三〇センチもある細い棘は、じつに立派なものだ。（刺されないように細心の注意を払って）ゆっくりと顔を棘に近づけて

ガンガゼの棘に隠れるハシナガウバウオ（和歌山・串本海中公園）

観察すると、「林立する棘」は迫力がある。棘にも個性があるようで、白っぽい棘や縞模様になっているものもある。

ガンガゼなどのウニ類に、目は存在しない。ただ殻（表皮細胞）には光を感じるセンサーのようなものがあり、ヒトがガンガゼに近づくと、棘をわさわさと揺り動かすようになる（陰影反射）。「捕食者かもしれない影」が近づいていることをガンガゼが感知しているためだ。幾多もある棘の隙間には、細長い魚のヘコアユやハシナガウバウオ、小さなエビが身を潜めていることもある。

紫黒《しこく》色をしたガンガゼの殻の中央には、ぽこっと突き出た（オレンジ色の）目玉のようなものが一つある。これはガンガゼの肛門だ。口は肛門の反対側（殻の底面の中央）にある。ガンガゼの口

殻にある目玉のようなものは肛門（鹿児島・坊津の網代浜）

には強力な歯があり、岩に生えている海藻などをガリガリと削り取って食べる。殻の底面の棘が短いのは、食事の邪魔になるからだ。底面の短い棘を使って、ガンガゼは移動することもできる。

ガンガゼは長い棘ゆえに無敵かと思いきや、そうでもない。イシダイやカワハギの仲間などは、ガンガゼの長い棘をひょいと口でくわえてひっくり返し、殻の底面から襲いかかる。やはりというべきか、第1章で紹介したゴマモンガラもガンガゼを食べる。底面の棘は短いため、強力な顎と歯を持つ魚はガンガゼの口を攻撃して殻を割る。とりわけイシダイはガンガゼが大好物のようで、「イシダイ釣り用の餌」として流通している。

ウニであるガンガゼは、どのような味がするのだろうか。

一般的にガンガゼは、食用にされることはほとんどない。ガンガゼの身（生殖腺《せいしょくせん》である卵巣や精巣）には、苦みやえぐみがあるとされる。そのこともあって、ガンガゼは「厄介者」「危険な生き物」というイメージに偏重してしまっている。

しかし、なぜか鹿児島県だけはガンガゼを食用にしてきた歴史がある。

いったいこれは、どういうことなのか。

桜島のガンガゼ漁

二〇二三年一二月の下旬、鹿児島県の桜島《さくらじま》を訪ねた。

東桜島漁協の磯辺昭信《いそべあきのぶ》組合長（「昭和海産」代表）は、親子でガンガゼ漁をおこなっている漁師だ。七〇代の昭信氏が漁船を操り、四〇代の息子三人が漁をおこなう。一年を通してガンガゼ漁を営んでいるものの、一～三月だけは夜間のナマコ漁に出ることも多いという。

朝、ガンガゼ漁の船に同乗させてもらった。

この日の漁場は、桜島の北東にある磯だった。桜島沖に浮かぶ新島《しんじま》の島影が見える。磯辺船長は岸の近くに船を停め、碇《いかり》は下ろさない。水深は七、八メートルほどあるという。たとえ岸に近くても、桜島周辺の海はすぐに深くなる。

やがてウエットスーツを着た三男が、潜水器材を背負って一人で海に入る。もちろん県知事の許可を得ての潜水漁だ。ウニやナマコなどの漁は、乱獲を防ぐために全国的には素潜り漁が中心になっている。しかし鹿児島県では深場が多い特有な地形に加え、申請者も多くはないため、潜水器材を用いた漁が認められている。

気温は一三度、水温は一九度ほどの冬の海。

三男は自家製の棒（熊手）と、ステンレス製の大きな籠を手にして潜りはじめる。ガンガゼの長い棘に刺されないようにしながら、海底の岩にいるガンガゼを熊手でかき集めていく。そしてガンガゼをぽんぽんと籠に放り込んでいく。潜って漁をすると、危険を察知したガンガゼは一斉に逃げていくという。それを追いかけるようにして、熊手でガンガゼを捕まえていく。

潜水漁がはじまると、海面に空気の泡がぶくぶくと浮かび上がる。その泡の跡を追って、磯辺船長は船が離れぬように操る。一五分ほど経つと、潜っていた三男が海面上に顔を出す。手にした籠は、ガンガゼでいっぱいだ。次男が新しい籠をさっと手渡し、長男がガンガゼの詰まった籠を船べりから引き揚げる。籠にぎっしり詰まったガンガゼは、一三〇匹くらいになるという。

上：籠と熊手を手にしてガンガゼ漁の潜水を開始する（鹿児島・桜島）
下：籠がいっぱいになると海面に浮上し、新しい籠を受け取って再度潜水する（同上）

一回の潜水で130匹ほどのガンガゼが獲れる（鹿児島・桜島）

新しい籠を手にした三男は休むことなく、また海に潜る。

一方の船上は、慌ただしい。長男と次男は、籠に詰まったガンガゼを網に入れ替える。その網にブイ（浮標《ふひょう》）をつけて、また海に放つ。漁がおこなわれている間は、獲ったガンガゼを海に浸けておくのだ。それによって、ガンガゼの鮮度が保たれる。大きい網目の網を用いているのは、長い棘をできるだけ折らないようにするためだ。ガンガゼの棘が折れると、味が落ちてしまうという。

船上でガンガゼの殻を割って、黄色い身を食べさせてくれた。

身の色は一般的なウニよりも少しだけ淡く、山吹色《やまぶき》というよりも黄蘗色《きはだ》に近い。どうだろう。

まさにウニの味だ。磯の濃い香りと旨みがある。ほんのりとした甘みもある。一般的なムラサキウニに比べると、味は濃厚というよりもやや淡泊で、優しい味わいを感じる。醤油を垂らすと味が引き立つことは、容易に想像できる。

それにしても、不思議だ。

ガンガゼは苦みやえぐみがあるとして食用にされないのは、勿体ないのではないか。ガンガゼの淡泊な味を好む需要も大きいのではないか。

潜水漁は、まだまだつづく。

以降も一五分ほどの潜水で、籠はガンガゼでいっぱいになる。海面に浮上しては、また新しい籠を手にして潜っていく。この日は一時間半におよぶ潜水で、六つの籠の収獲となった。一つの籠で約一三〇匹なので、この日のガンガゼ収獲は八〇〇匹ほどになる。磯辺船長は「平均すると一日で七つの籠、一千匹近くの収獲が多いかな」という。資源を枯らさないように毎日少しずつ潜るポイントを変え、同じ場所に潜るのは三カ月ほどの期間を空けている。

潜水漁が終わると、海に浸しておいた網（収獲済のガンガゼ）を船上に引き揚げる。そして、手早く船を漁港へと走らせる。

船が港に到着し、いよいよガンガゼの運搬――と思ったら、違った。

船べりからガンガゼが詰まった網を再び海に放り込んだ。左右の船べりから網を海中にぶら下げて、海でガンガゼを一晩寝かせておくのだという。

なぜ、ガンガゼの身をすぐに取り出さないのだろうか。

それは加工作業に膨大な時間と労力を要するためだ。船が漁港に戻ったのは、昼前の時刻。その時間からガンガゼの加工に入ると、作業を終えるのは夜中になってしまう。そのため加工作業は、朝の三時半頃からはじめるそうだ。つまり前日から海で寝かせておいた網を早朝に引き揚げて、加工作業を開始するのだ。

ガンガゼの加工は、次のような手順となる。

船べりに吊るしたガンガゼの網を早朝に引き揚げ、網の端と端を二人がかりで持つ。網をゆっさゆっさと揺さぶると、ガンガゼの棘がぽきぽきと折れる。棘は「ケン」と呼ばれており、「ケンを落とす」ことが加工作業のはじまりだ。仮にガンガゼ一匹の重量を一五〇グラムだとすると、一つの網には約一三〇匹が収まっているので、網の重量は約二〇キロになる。これを二人がかりで長らく揺すって、長い棘を振るい落とすのだ。

棘を折ったガンガゼが自宅の作業場に運び込まれると、殻を割る作業がはじまる。船長の妻や息子の家族、親戚一同が手分けをして、殻を底から割って身を取り出していく。殻の中には五つの黄色い身（生殖腺の房《ふさ》）が詰まっており、ぺりぺりとヘラで剝がす。取り出された身は、ザルに積み上がっていく。そしてピンセットを用いて、黒いワタ（内臓などの不純物）を取り除く。

実際に見学させてもらうと、じつに緻密な作業だ。最後にウニの身を海水で洗い、きれいに木の箱に並べていく。美しい「板ウニ」の完成だ。一日の収獲で、一五〇〜一七〇枚ほどの「板ウニ」がつくられるそうだ。

午前三時半からの加工作業が終わるのは、午後二時か三時頃だという。そして翌朝、完成した「板ウニ」を鹿児島市の市場（桜島の対岸）に、ほぼ毎日搬入する。搬入作業をするのは、磯辺船長自身だ。早朝五時発の桜島フェリーに車ごと乗り込み、午前七時前には自宅に戻る。それから船を出して、またガンガゼを収獲する。

ウニが高級食材であることは、よく理解できる。

熟練の漁だけでなく、鮮度を保つ苦労、緻密な手作業の骨折りは相当なものだ。ガンガゼの場合は長い棘があるために、棘を折る作業も生じる。ただガンガゼの殻はさほど硬くはなく、ムラサキウニよりも殻は割りやすいそうだ。

漁を終えた磯辺船長に、あれこれと話を訊いてみる。

桜島で生まれ育った磯辺船長がガンガゼ漁をはじめたのは、二八歳の頃だという。今から四十数年も前のことだ。それ以前はカンパチなどの養殖業に携わっていたものの、維持費や人件費、設備投資に資金がかかるため、ガンガゼ漁に切り替えたそうだ。ガンガゼ漁であれば、家内労働として営めるとの判断だった。

磯辺船長は、こう語る。

「漁師の仕事は、お金になるものをお金にすることだけじゃないから」と。

ガンガゼは一般的には「厄介者」とされていることを認識しつつも、それでも海の宝だと磯辺船長は口にする。自然にあるもの、海の恵みをいかに活かせるかが、ガンガゼ漁の醍醐味だという。全国的には磯焼け（海藻の多い藻場《もば》が消失すること）の原因になるとして、ガンガゼは駆除の対象になることが多い。ガンガゼは雑食性で繁殖力が強く、放っておくと藻場を荒らしてしまうと考えられているためだ。

「無理にガンガゼを駆除しなくてもいい。（漁や加工作業で）丁寧に扱えば、美味しく食べられるんだから」と、磯辺船長は訥々《とつとつ》と語る。

不躾《ぶしつけ》な質問ながら「ガンガゼを（イシダイなどの）釣り用の餌にすることはないのか」と尋ねると、「やっぱり手間暇がかかっても、誰かに美味しく食べてもらえることが漁師はうれしいからねぇ」という。

傾聴していると、ガンガゼ漁は大切な営みだと痛切に感じる。

というのも四十数年のガンガゼ漁を通じて、ガンガゼの収獲量は一向に減っていないというからだ。鹿児島県内でガンガゼ漁をおこなっている漁師の数は少ないとはいえ、ざっと一日一千匹の収獲量が変わらないということは、ガンガゼの繁殖力の強さを物語っている。もし漁がなければ、ガンガゼが大繁殖して磯焼けになることも考えられる。それは魚介類全体の収獲が落ちることを意味する。ガンガゼ漁のおかげか、桜島沿岸ではヒジキやワカメなどの生育は良好だという。ガンガゼを食べるという鹿児島県独自の食文化が、海の豊かさを守ることにつながっているようだ。

ガンガゼを食べる鹿児島県

それにしても、なぜだろう。

全国的には「厄介者」とされるガンガゼなのに、なぜ鹿児島県では昔から食用にされてきたのだろうか。

その背景として、ガンガゼ以外のウニが育ちにくいことが挙げられる。漁場となる鹿児島湾、とりわけ桜島周辺は、溶岩や噴石でできた岩場の海だ。磯辺船長は「(独特な海底の地形ゆえに) ウニの餌となる海藻が付着しにくいのではないか」という。海水温や水深が急に深くなる地形も、海藻の生育に関係しているかもしれない。

鹿児島湾ではムラサキウニやアカウニも生息しているものの、昔から殻を割ると中身が空っぽであることが多いという。身が入っていない「ヤセウニ」と呼ばれるものだ。両者は主に海藻を食べて暮らすウニ。つまりムラサキウニやアカウニは、餌の関係で生殖腺が大きく育たないようだ。

しかしガンガゼは雑食性なので、海藻だけでなく枯葉やフジツボ、魚介類の死骸など何でも食べる。そのため一年を通じて、身が詰まっている。加えてガンガゼは身(生殖腺)が大きく、加工しても身が崩れにくいという。

このような背景から、鹿児島県ではガンガゼが一般的に食されるようになったようだ。実際に鹿児島市の中心街で食したウニ丼は、ガンガゼだった。ガンガゼは寿司店からの需要も多く、「日持ちがする」という利点もある(ムラサキウニの約二倍「日持ちがする」ともいわれる)。「ウニといえばガンガゼ」という食文化が、県内では浸透しているのだ。

ただし鹿児島県内であっても、ガンガゼという呼び名は馴染みが薄い。ガンガゼは「ヒト

殻を割ると黄色い身（生殖腺）が詰まっている（鹿児島・桜島）

ウニ」と呼ばれて親しまれている。一部の地域では「ケンウニ」とも呼ばれている。ケンウニの由来は「剣のような長い棘」だとわかるが、ヒトウニの由来はよくわからない。ガンガゼの肛門が「ヒトの目玉」のように見えるからかもしれない。

食文化とは不思議なものだ。

ガンガゼは一般的には食用とされないのに、鹿児島県では「ご馳走（高級食材）」だ。ウニは食べる餌によって、身の味が大きく変わるという。鹿児島湾のガンガゼは雑食性とはいえ、「いいもの」を食べているのだろうか。

また調味料も重要だろう。やや淡泊な味わいのガンガゼは、醤油などを垂らすと味が引き立つ。県内で普及している刺身醤油は濃厚でやや甘いため、ガンガゼの身と絶妙に調和する。

ガンガゼの「板ウニ」（鹿児島・桜島）

「いいから、いいから」

と、磯辺船長。

取材を終えた別れ際、ガンガゼの「板ウニ」を二枚もいただいてしまった。

翌日の飛行機で東京の自宅に持ち帰り、冷蔵庫に入れた。勿体ないので数日にわたって、ちびちびと食した。白米の上に載せて醤油を少し垂らすと、極めて美味しい。「日持ちがする」ということも、たしかに実感した。

いったい「厄介者」は、本当に厄介者なのだろうか。

ガンガゼは繁殖力が強い。それに加えて海水温が世界的に上昇傾向にあることを考えると、温暖な海域を好むガンガゼは、これからも生息域を広げていくのだろう。

たとえば海水温が低い日本海側では、ガンガゼはほとんど生息していない。しかし高浜町（福井県）沖の若狭湾では、一年を通じてガンガゼの姿が多く見られるという。

これは高浜原子力発電所の温排水が関連していると考えられている。原発からの温排水の影響を受ける海域は、他の場所に比べると水温が二度ほど高くなる。原発が定期検査で停止すると水温は下がり、ガンガゼの姿は見られなくなったという（『読売新聞』二〇二三年八月九日付）。

やはり海水温が上昇すれば、ガンガゼの生息域は広がるようだ。

今後も地球温暖化が引き起こす海水温上昇は、深刻化する可能性が高い。二酸化炭素が海水に溶けて生じる海洋酸性化も確実に進んでいく。地球温暖化対策の重要性は当然のことながら、ガンガゼのレッテルを剝がすことも重要になってくるのではないか。鹿児島県のような「美味しいガンガゼ」という認識が、環境保全にもつながっていくのではないか。

ガンガゼは海で出会いやすい生き物なので、もっと親しみを持って観察したい。波やうねりのない場所を選んでガンガゼに近づけば、不用意に刺されることは少ないだろう。ガンガゼは、棘でヒトを攻撃するわけではない。ヒトが知らず知らず触ったり踏んだりするから、刺されるのだ。ガンガゼは何も悪くない。

長い棘だらけのガンガゼに顔をそっと近づけると、不思議な心持ちになる。ゆらゆらと揺れる長い棘に見入っていると、心が鎮まってくるのか、睡魔のようなものを覚える。

刺されたくはない。けれども近づきたい。

ガンガゼは不思議な生き物だ。

花のような
肛門のような

イシワケイソギンチャク

Anthopleura sp.

イソギンチャク目
ウメボシイソギンチャク科

出荷前のイシワケイソギンチャク。ワケノシンノスとも呼ばれる（熊本・荒尾干潟）

若者の肛門

刺胞《しほう》動物であるイソギンチャクは、海に咲く妖《あや》しい花だ。

ゆらゆら漂う触手を眺めていると、その幻想的な姿に思わず触れたくなる。陸上に咲く花は、眺めるだけでも心が満たされる。なのにイソギンチャクは、どうしても指先で触ってみたくなる。触手が指先にペタペタと張りつく感触は、癖になる心地よさだ。そしてイソギンチャクは、一瞬にしてキュッと縮まる。触手や口（口盤《こうばん》）が閉じられ、妖艶《ようえん》な「花」が窄《すぼ》んで「穴」になる。

イソギンチャクは、その名の通り「磯の巾着《きんちゃく》」だ。ご存じのように巾着というのは、口を紐で締める（布などでできた）小さな袋のこと。英語でイソギンチャクがシーアネモネ(Sea Anemone）と呼ばれていることと対照的だ。日本語では「巾着のように閉じられた姿」、英語では「花のように開いた姿」が、イソギンチャクの名の由来になっている。

とりわけイシワケイソギンチャクは、そのことが顕著だ。

イシワケイソギンチャクは有明海沿岸（九州北西部）で、「ワケノシンノス」「ワケンシンノス」（略して「ワケ」「ワキャ」）と呼ばれている。この名は「若い衆の（ワケノ）尻の穴（シンノス）」を指す。つまりイシワケイソギンチャクは「若者の肛門」に見立てられ、まさに

「閉じられた姿」が呼称になっている。

イシワケイソギンチャクを「若者の肛門」と呼ぶなんて、ちょっと扱いがヒドすぎる気もする。

しかし、どうだろう。

ヒトと生き物との距離の近さを感じさせる呼び名は素敵だ。イソギンチャクに触れるなどして身近に接してきたからこそ、いにしえの人々は「若者の肛門」と親しみを込めて呼ぶようになったのではないか。

では肛門は肛門でも、なぜ若者の肛門なのだろうか。きっとイソギンチャクは若者の肛門のようにキュッと締《しま》りがよく、艶《つや》やかさがあるからなのだろう。

有明海沿岸ではイシワケイソギンチャクを食べる習慣が、古くから根づいている。味噌煮や味噌汁の具などにして、親しまれてきた。しかし近年はイソギンチャク漁をおこなう漁師が減り、漁獲量もめっきり少なくなったという。

肌感覚としてもイソギンチャク料理を見かける機会は、減ったように感じる。とりわけ柳川市（福岡県）の居酒屋などでは、かつて一般的に出回っていた。しかもイシワケイソギンチャクだけでなく、ハナワケイソギンチャクも食べることができた。ハナワケイソギンチャ

イシワケイソギンチャクの空揚げと味噌煮（福岡・柳川市内）

クは大型のイソギンチャクなので、食べごたえがあった。しかしハナワケイソギンチャクは生息数が少なく、今では食べられる機会はほとんどない。

二〇二四年に柳川市を訪れた際は、食事処（「夜明茶屋」）でイシワケイソギンチャクの味噌煮と空揚げを食べることができた。シコシコした食感と、ぬるりとした食感が合わさったような歯ごたえは、イソギンチャクならではだ。淡泊な味でありながら、しっかり嚙むと濃厚さもある。わずかな苦みが磯の風味として、口の中に心地よく広がる。臭みはなく、酒の肴《さかな》にはぴったりだ。

店先には生のイシワケイソギンチャクも売られていたが、漁獲量の減少もあって流通価格は上がっているという。以前は（廉価だったため）地元で一般的に食べられていたものの、今では（観光

袋詰めで売られていたイシワケイソギンチャク（福岡・柳川市内）

客向けの）珍味としての需要が多いようだ。

国内でイソギンチャクが伝統食となっているのは、有明海沿岸（主に柳川市）だけだ。この地で一般的な食べものであったことは、柳川市ゆかりの作家である檀《だん》一雄《かずお》の作品からも窺い知ることができる。

「イシワケイソギンチャクであるワケノシンノスは」見た目も恰好も、余り上等とは云いにくいが、私達幼少年の日に、一週間に少なくとも二、三回ずつは喰べさせられた記憶がある。

（『美味放浪記』）

そして、イソギンチャクの味の魅力については「そのヌラヌラした歯ざわり……、シコシコとした嚙み心地……、むせ返るような濃厚さ……、私は躊躇なく、ワケ〔ワケノシンノス〕の味噌汁を日本第一等の珍味に数え上げたい」（同前）と綴られている。

檀一雄は故郷の味であるイソギンチャクに、格別の思いを抱いていたようだ。

お世辞にも上品といえたものではない。今だって低廉な食物だろうが、昔はまったくタダのようなものだった。繰り返すが、その猛烈さ。その庶民性。その愛嬌。その風雅。その痛快。まことに人間のオンジキ〔飲食〕の極限を地でゆくような心地するばかりか、私は、かりに、私がどのように気取った食物に馴染んでも、このワケノシンノスの素朴な原初性だけは忘れまいと心に誓った〔中略〕。（『王様と召使い』）

食べることも料理をすることも嗜《たしな》んだ檀一雄は、美味を求めて国内外を放浪した。それでも生涯を通じて、イソギンチャクの味に心を寄せつづけた。

まことに人間は〔中略〕海燕の巣から、イソギンチャクに至るまで、考え得る限りの夥だしい素材をとらえ、これを料理し、口に馴らし、わが血肉に変えているのである。この人間の智慧と、舌の、微妙さと、放胆さは、地上をうろつきながら、各地各様の食物の目出度さを知るに及んで、ただ驚嘆する以外にはない。（同前）

この一節を読むと、地域の食文化というのは、それが根づくまでに膨大な時間と労力が費やされていると、あらためて気づかされる。イソギンチャクを食べるということは、先人たちの「智慧の結晶」を味わうことでもあるのだろう。

幸いにもイシワケイソギンチャクを今でも口にできるということは、実際に漁がおこなわれていることを意味する。

いったい現存するイソギンチャク漁、稀少な漁とは、どのようなものなのだろうか。

荒尾干潟のイソギンチャク漁

容易ではなかった。

有明海沿岸を訪ねたり、漁協や魚市場に問い合わせたりしてみても、イソギンチャク漁をおこなっている漁師はなかなか見つからなかった。かつては多くの現役漁師がいたが、ここ二〇年ほどで漁師も漁獲量もめっきり少なくなってしまったようだ。

唯一手がかりを得られたのは、荒尾干潟《あらおひがた》（熊本県荒尾市）。

ここは有明海の中央部（東側）に位置する、国内最大規模の干潟だ。国際的にも重要な湿地として、ラムサール条約湿地に登録されている。最寄りの南荒尾駅（鹿児島本線）から一〇分ほど歩けば、海岸にたどり着く。

荒尾干潟ではイソギンチャク漁が残っているという。わずかに市場に出回っているイシワケイソギンチャク（ワケノシンノス）の多くは荒尾市の「松田海産」によるもので、松田幸成《まつだゆきなり》氏が今もイソギンチャク漁をおこなっている。

しかし漁を取材させてもらうことは、なかなか叶わなかった。

というのも、家内労働で営んでいるイソギンチャク漁は何かと忙しい。そもそもイシワケイソギンチャクが減って、収獲が難しくなっている。そして漁から加工、出荷までをほぼ一人で担っている。

現地で交渉したり何度か電話をしたりしていると、半年以上が過ぎてしまった。

取材といっても、取材される側の迷惑に配慮するのは至極当然のことだ。

もう漁の取材は諦めよう――。

それでも二〇二四年の六月上旬、荒尾干潟へ出かけた。六月は（干潮時に）潮が大きく引くこと、もうすぐ梅雨に入ってしまうことを考慮して、せめて荒尾干潟に生息するイシワケイソギンチャクを探してみようと思い立った。

干潮時刻を見はからって現地に到着したものの、晴れわたった広大な干潟を前にすると不安になる。いったい一人で、イシワケイソギンチャクを見つけられるのだろうかと。

しかし好天だけでなく、幸運にも恵まれた。

まさに松田氏が漁に出るところだったため、同行させてくれるという。

「どうぞ」と、テーラーの荷台に乗せてもらった。

テーラーというのは、有明海の漁業で使われている「荷台つきの耕運機」だ。がたごと揺れる荷台に乗っていると、何とも心地いい。水を張った田んぼを突き進むように、テーラーは広大な干潟を一直線に沖へと向かう。澄んだ空から陽光が降り注ぎ、潮の引いた干潟をきらきらと輝かせる。

テーラーが停まったのは、干潟のかなり沖合だった。海岸から二キロほどもある。それでも干潮を迎えようとする干潟は、陸上にいるかのようだ。のっぺりとした干潟を自由に歩き回れる。潮だまりも見られるが、「道路の水たまり」程度の深さ。足首が浸かるほどしかない。潮が引いた干潟はどこも湿っており、打ち水をしたような涼しさを感じる。

テーラーに乗ってイソギンチャクの漁場へ向かう（熊本・荒尾干潟）

イソギンチャク漁では、ワケ掘（ワキヤヌキ）と呼ばれる棒を手にして、干潟を歩く。柄《え》の先に鋤《すき》のような刃が取りつけられたものだ。干潟の泥に棒を挿《さ》し込んで、イシワケイソギンチャクをぼこっと掘り起こす。籠を引きずりながらイソギンチャクを探し、収獲しては籠に放り込んでいく。

じつにシンプルな漁——と思いきや、なかなか難しい。潮が引いた干潟では、イシワケイソギンチャクの触手は伸びていない。つまり花のように咲くイソギンチャクを探すのではなく、干潟にある穴（円形状の痕跡）を探すのだ。

「ほら、そこ」と、松田氏は足元のイシワケイソギンチャクを教えてくれる。牛乳瓶の蓋のような穴に顔を近づけてみると、わずかに触手も見える。穴の直径は、三、四センチほど。穴の中央が丸い目

イソギンチャクの穴周辺に棒を挿し込み、掘り起こす（熊本・荒尾干潟）

のようになっているのは、イソギンチャクの口だ。

　本項では「若者の肛門」と繰り返し綴ったが、そもそもイソギンチャクには肛門がない。刺胞動物のクラゲなどと同じく、口が摂食と排泄の役割を兼ねている。つまり肛門に見立てられている穴は、厳密には口のことだ。

　イソギンチャクを傷つけないよう、松田氏は穴から一〇〜一五センチほど外側に、棒の先端を挿し込む。深さは二〇センチほどだろうか、同じく傷つけないように深く掘り起こす。ぼこっと掘り起こされた泥を払うと、縮こまったイシワケイソギンチャクが現れる。肌色の円筒状をしており、縦に伸ばすと体長一〇センチ近くありそうだ。

　その姿は「太いしめじ」といったキノコのようにも見える。イソギンチャクの根元（足盤《そくばん》）には、

潮が引くとイシワケイソギンチャクは円形状の痕跡だけになる（熊本・荒尾干潟）

貝殻がびっしりと張りついている。貝殻や小石の上に根を張るようにして、生息しているためだ。閉じられた触手にも、貝殻や小石がたくさん張りついている。ただ漁をしている間は、くっついた貝殻や小石をそのままにしておく。漁を終えてから一晩海水に浸けておくと、触手が伸びて取り除きやすくなるという。

足元の穴を探しながら、少し歩いては掘り、また少し歩いては掘る。小さなものは掘り起こさず、大きなものを探していく。探しあてる「目」こそが、漁の技だ。「以前に比べると全然獲れなくなったね。アサリも獲れないし」と松田氏はこぼすものの、少し歩いては掘り起こしている姿に少し安堵《あんど》する。

その場を離れて、私もイソギンチャクを探し

潮が満ちるとイシワケイソギンチャクの触手が放射状に伸びてくる
（熊本・荒尾干潟）

てみることにした。

しかし歩き回ってみても、なかなか見つけられない。濡れてもいいように水着とラッシュガードを着用しているので、腹這いになって探すことにした。干潟に顔を近づけて、匍匐《ほふく》前進《ぜんしん》する。するとイシワケイソギンチャクの穴が、ぽつぽつと見つかるようになった。手でゆっくりと掘り起こしてみては、また埋める。

腹這いになっていると、小さなカニが頻繁に目の前を横切っていく。マメコブシガニやヘイケガニなどの姿が見える。

漁に費やす時間は、干潮時を挟んでおよそ三時間だ。

少し潮が満ちてきた頃に、漁を切り上げる。収獲の籠を見せてもらうと、イシワケイソギンチャクでびっしり埋まっている。その数、二、三〇〇ほど獲れたようだ。

再びテーラーの荷台に揺られていると、少しずつ岸辺が近づいてくる。青空の下での心地よいイソギンチャク漁が終わった——。と感慨深いものの、冬になると漁はなかなか大変なようだ。冬季は夜間に潮が大きく引くため、深夜から未明にかけての漁になるという。

自宅の作業場に到着すると、松田氏は前日の漁で獲れたイシワケイソギンチャクを見せてくれた。海水に浸けて、砂を吐かせたものだ。付着した貝殻や小石も取り除かれている。もちろんイソギンチャクは生きており、触手が花のように開いている。その美しい姿は、小さなクラゲのようだ。その後、海水に浸したイソギンチャクをビニール袋に詰めて、生きたまま出荷する。

漁の取材を終えてから、イシワケイソギンチャクの料理に関する資料を読み漁ってみた。

調理法は、おおよそ次のようなものだ。

まずイシワケイソギンチャクを（縦に割くように）半分に切って、イソギンチャクの中（胃腔など）をきれいにする。よく洗って、内部に残っている砂を取り除く。中には稚貝を呑み込んでいるものもあるので、下ごしらえは重要だ。

そう、イシワケイソギンチャクは触手で小さな貝や魚などを捕まえて食べる。貝であれば

掘り起こした際のイシワケイソギンチャク（熊本・荒尾干潟）

丸ごと呑み込み、硬い殻は口から吐き出すようだ。

イソギンチャクの下ごしらえが終われば、あとは煮込む、炒める、揚げるなどして調理する。ただイソギンチャク料理は歯ごたえが要《かなめ》なので、煮込みすぎない、炒めすぎないことが重要だという。

東京湾のイシワケイソギンチャク

イシワケイソギンチャクは、有明海の干潟だけに生息しているのではない。

本州にも生息しており、何と東京湾にもいる。船橋市（千葉県）の三番瀬《さんばんぜ》に何度か足を運んだ。三番瀬は東京湾の最奥部に位置しながら、埋め立てを逃れた貴重な干潟だ。海の生き物の棲《す》み処《か》になっているだけでなく、多くの水鳥も飛来する。

「ふなばし三番瀬環境学習館」を訪れ、イシワケ

潮が引いた三番瀬（千葉・船橋市）

イソギンチャクの生息状況を尋ねた。たしかにイシワケイソギンチャクは、三番瀬に生息しているという。見つけ方としては「潮だまりになっている場所」「岩や石が混在している砂地」「三〇〇メートルほどの沖合（突堤《とってい》の先端など）」を探してみるといいそうだ。

はじめて三番瀬を訪れたのは、大きく潮が引く四月下旬。多くの潮干狩り客が詰めかけていた。水着とラッシュガードに着替えて、干潟の沖合へずんずん歩く。

イシワケイソギンチャクは、どこだろう。

潮だまりを覗いてみたものの、よくわからない。

小さなタテジマイソギンチャクの姿だけは、数多く生息しているので確認できる。

前日の仕事で寝不足だった私は、ついつい他力に頼った。

しきりに浅瀬を漁っていた中年女性に、「この辺で大きなイソギンチャクを見ませんでしたか」と訊いてみた。きっと女性は貝やカニなどを探しているのだろう。

タテジマイソギンチャクが多く生息している（千葉・船橋市）

しかし、不意をつかれる返答だった。

「イソギンチャクって、何ですか」

日本語は流暢だったものの、中国人とのことでイソギンチャクの意味が通じなかった。寝不足の私の頭はさっぱり役に立たず、「イソギンチャクは、ええとですね、シー（sea）の何とか……」と、しどろもどろになる。

仕方ないので、握ったこぶしをゆっくり開くしぐさをすると、即座に理解してくれた。

「ああ、花のようなやつね。イソギンチャクっていうんだ」と。

とても親切だった。「ここと、あそこにいるよ」と、ちょっと離れた場所まで案内してくれた。謝意を伝えて覗き込むと、まさにイシワケイソギンチャクだった。

触手を大きく伸ばしたイシワケイソギンチャク（千葉・船橋市）

じつに美しい。触手が放射状に大きく伸びているため、（触手冠《しょくしゅかん》として）直径十数センチはありそうだ。ここは東京湾の中でも、建物が林立する最奥部。大雑把に捉えると、東京ディズニーランドと幕張メッセ（日本最大級の国際展示場）に挟まれた場所だ。そんな都市部の海岸にもかかわらず、干潟が残されていること、イシワケイソギンチャクが生息していることに静かな悦びを感じる。

どうやら三番瀬に生息するイシワケイソギンチャクも、かつては食用にされていたようだ。九州の有明海沿岸と同じく、千葉県でもイソギンチャクを食べる風習があったという。

イソギンチャク研究者のまなざし

勝浦市（千葉県）にある、海の博物館（千葉県立中央博物館分館）を訪ねた。イソギンチャク研究の第一人者である、柳研介《やなぎけんすけ》博士（主任上席研究員）に話を聞かせてもらう。

明確な記録は残されていないものの、やはり千葉県でもかつてイソギンチャクが食べられていたという。有明海沿岸と同じく、食用となっていたのはイシワケイソギンチャクのようだ。食用としていた地域は、船橋市や浦安市など三番瀬の周辺だと考えられる。

柳博士は同僚だった年長の研究者から、千葉県でイソギンチャクが食べられていたことを伝え聞いている。年長の研究者自身が食べていたのではなく、義父がイソギンチャクを食べていたことを周囲に語っていたそうだ。ただその当人は物故者《ぶっこしゃ》となり、今や直接話を聞くことはできないという。昭和四年生まれだったそうで、戦前から戦後の頃にイソギンチャクを食べていたのではないかと推測される。戦後の食糧難では、貴重な食材だったのかもしれない。柳博士の見解では、千葉県内のごく限られた地域での食習慣だったと考えられ、有明海沿岸のように広く根づいたものではなかったようだ。

古くから伝わる郷土料理を記録した『聞き書　千葉の食事』には、「いそぎんちゃくの味噌煮」が「東京湾奥の食」として綴られている。そこには「漁師のなかには、いそぎんちゃくのしこしこした歯ごたえを好む者も多い」とある。やはりイソギンチャクは広く流通していたのではなく、一部の地域で自給して食べられていたのだろう。

　イシワケイソギンチャクは砂地に生息しているので収獲しやすく、比較的大きな種であることから、食用にされたようだ。柳博士によると、イシワケイソギンチャク以外でもイソギンチャクが食用にされることもあるという。たとえば隠岐島《おきのしま》（島根県）などの山陰地方では、「ジーボ」と呼ばれる深海性のコイボイソギンチャクが（ごく一部で）食べられている（底びき網に紛れ込むなどして獲れたもの）。それ以外にも国内でイソギンチャクが食用にされている地域はあるものの、ごくごく局地的なケースだという。

　イソギンチャク全般の話も、柳博士に訊いた。

　気になっていたのは、イソギンチャクの寿命だ。

「花の命は短い」といわれるが、海に咲く花のようなイソギンチャクは、いったいどれほど生きるものなのだろうか。

　イソギンチャクの寿命については、まだ詳しいことは解明されていない。それでも「数十年ではなく、数百年といった単位で生きると考えられます」という。

　イソギンチャクは、いたって長寿な生き物だ。傾聴していると、むやみにイソギンチャクを食べるのは勿体ないようにも思えてくる。おそらく長寿の生き物は、長い寿命に合わせて、成長と繁殖を緩やかに重ねていくのだろう。長寿であっても一〇〇年ほどで世を去ってしまうヒトが、数百年は生きる命を軽々しくは奪えない。

長寿の生き物には、まずもって敬意を払いたくなる。

しかし、イソギンチャクの場合はどうだろう。

長寿のイソギンチャクを「崇《あが》めたくなる存在」といい切るのは、やや違和感がある。イソギンチャクは毒を持っているため、どこか油断ならない存在だからだ。

刺胞動物であるイソギンチャクは、クラゲと同じく刺胞を持っている。刺胞という毒液を含んだ「カプセル状のもの」が、イソギンチャクの武器だ。餌を捕らえたり、敵から身を守ったりする際に「カプセル内の毒」を相手に注入するのだ。刺胞は非常に小さく、構造も極めて複雑であることから、「生物のつくる精巧な構造物の極致」といわれているそうだ。しかもイソギンチャク一個体であっても複数種類の刺胞を持っているというから、イソギンチャク研究は緻密な調査の積み重ねだ。

「イソギンチャクの毒は、決して弱いものではありませんね」と、柳博士はいう。

私はこれまで数知れずイソギンチャクを素手で小突いてきたが、これでよかったのだろうか――。

柳博士によると、一部の危険な種類（ウンバチイソギンチャク、ハナブサイソギンチャクなど）を除けば、ヒトがイソギンチャクに触っても痛みは生じないという。ただし毒が弱いわけではなく、ヒトの皮膚に刺胞が（小さくて）貫通しないだけだという（毒が注入されない）。

あれこれ話を聞かせてもらっていると、あっという間に時間が過ぎる。そして柳博士の真摯な姿勢に魅了される。イソギンチャクへの愛情、好奇心がひしひしと伝わってくる。私はかつて長らく大学院に籍を置いていたので、研究者といっても千差万別であることは相応に知っている。好奇心を失ってしまう研究者もいれば、損得勘定ばかりの研究者もいる。

好奇心を失わずに齢を重ねることは、意外に難しい。好奇心に従順であることは、世渡りという観点では「費用対効果」が悪くなるからだ。「やりたいこと」よりも「ニーズがあること」「注目されやすいこと」を優先したほうが、総じて評価は得やすい。イソギンチャクという珍しい分野では、研究者の数も先行研究も非常に限られる。そのため論文などの業績を生み出すには、一般的な分野よりも時間や労力がかかる。会話から伝わってくる真摯さは、飽くなき好奇心、次世代に知を継承する使命に支えられているに違いない。

そもそも、なぜイソギンチャクに柳博士は興味を抱いたのだろうか。

かつての指導教官の影響や、まだまだ解明されていない分野であることを挙げるものの、「やっぱり、イソギンチャクは美しいですから」という。

海外でもイソギンチャク研究者の数は、さして多くはない。それでもシーアネモネという美しい名のためか、女性研究者の割合は高いという。

このことを踏まえると、どうなのだろうか。

日本では「磯の巾着」という地味なネーミングゆえに、イソギンチャクは関心を集めにくいのだろうか。ましてや肛門に見立てたりするのは、イソギンチャクの存在を貶《おとし》めてしまっているのだろうか。

柳博士は、きっぱりと否定する。

「イソギンチャクは海の花のようでもありますが、巾着や肛門という日本の捉え方は、実物そのもの（体の構造）を上手く表現しています。いい得て妙です」

イソギンチャクが餌を捕らえたり防御したりする際は、環状筋《かんじようきん》を一気に力強く縮める。巾着袋をキュッと締めること、肛門（括約筋《かつやくきん》）に力を入れて閉じることと、まさに同じような動きだという。イソギンチャクという名も「若者の肛門」という呼び名も、実態に即した素晴らしいものなのだった。

回想『太陽肛門』

柳博士と別れ、海の博物館をあとにする。

長らく話を聞かせてもらった余韻だろう。いろいろな思いが、ぐるぐると頭を駆けめぐる。最寄りの鵜原《うばら》駅（外房線）へ向かう海岸道路は、短いトンネルを何度もくぐり抜ける。ゆるゆる歩いていると、「トンネル」「穴」「肛門」「イソギンチャク」などと連想してしまう。

よくよく考えると、どうだろう。

巾着はともかく、そもそも肛門を恥ずかしいもの、不浄なものと見なすこと自体が間違っているのかもしれない。

ふと、二〇代の頃に読んだ本を思い出す。

衝撃的なタイトルに惹かれて手にした『太陽肛門』だ。

フランスの哲学者であるジョルジュ・バタイユが綴った本作は、じつに難解で不可解な作品だ。内容はまったく理解できないものの、肛門を太陽に見立ててポジティブに捉えていることに衝撃を受けた。

後日、これを機に再読してみた。

むむ。どうだろう。五〇代の今となっても、さっぱり内容がわからない。

ただ幸いにも近年刊行された翻訳書には、訳者（酒井健）による仔細な解題が付されている。それを踏まえて自分なりに解釈すると、『太陽肛門』は有用性を礼賛する近代社会への抗《あらが》いだ。

そもそも排泄物は汚いものとして、遠ざけられる。その「出口」となる肛門は、不浄なものとして近代社会では覆い隠される。社会という管理システムによって不可視化されているものに光をあてること、忌《い》み嫌われているものに目を見開くことこそが、生きることに他ならないと論じているように感じる。肛門は太陽や火山のように過剰な力を放出する圧倒的な存在、崇高な存在であり、肛門をポジティブに捉えることこそが生きる力の源である――と、バタイユは訴えていたのではないか。

『太陽肛門』が太陽的な肛門であるなら、イソギンチャクは花的な肛門といえようか。

イソギンチャクは花であり、肛門だ。肛門をポジティブに捉え直し、イソギンチャクに目を凝らしたい。『太陽肛門』のごとく、均質的な価値観に覆われている社会の皮相が見えてくるかもしれない。

第5章

スカスカの愛おしさ

それまでは目にもとまらなかった生き物たちが輝きだして、私の世界は一気に色付いた。

椿玲未『カイメン』

逃げも隠れもしない

カイメン

Demospongiae sp.

海綿動物門
普通海綿綱

クロイソカイメン。手前はヨロイイソギンチャク
(千葉・勝浦海中公園)

麗しきスカスカ

学生時代も社会人になってからも、足しげく海へ通った。

なのに、ほとんど意識することなく通り過ぎてきた生き物がある。

それは、カイメンだ。

なぜ見過ごしてきたのかというと、カイメンはいたって地味で不可解だからだ。カイメンは植物ではなく動物なのに、動かない（固着生物）。食事は海水に含まれる有機物を濾《こ》し取って食べるだけ。何だか捉えようのない生き物だ。しかもカイメンは現時点でも八五〇〇種以上が存在するといわれるだけでなく、同じ種でも形や大きさがばらばらなので、何が何だかよくわからない。浅瀬から深海まで生息しているカイメンの存在をぼんやりと知っていても、具体的な像がまるで浮かばないのだ。

カイメンの一種であるカイロウドウケツは、第２章で紹介した。

ただカイロウドウケツはガラス海綿（ガラス質の硬い骨格）であって、カイメンの中では圧倒的に珍しいグループに属する（六放海綿綱）。カイメンの九割以上は、普通海綿綱（スカスカ、ブヨブヨしたもの）に属している。本項では、そんな「一般的なカイメン」である普通海綿綱について見ていきたい。

とある日、書店で手にした本に衝撃を受けた。

それは『カイメン――すてきなスカスカ』だった。

脳もなければ、心臓も胃腸もないカイメン。あるのはスカスカの体だけ――と、カイメンの特徴であるスカスカを肯定的に謳《うた》っている。しかも、カイメンに焦点をあてた日本初の本だ。読み進めてみると、研究者である著者（椿《つばき》玲未《れみ》）のひたむきな情熱が伝わってくると同時に、カイメンの生態がよくわかる貴重な内容だった。カイメンのことが少しずつ理解できるようになると、カイメンへの興味がむくむくとわいてくる。

そもそもカイメンは、英語でスポンジ（sponge）という。

スポンジといえば、食器や身体をごしごし洗うスポンジが思い浮かぶ。その大半は人工のスポンジ（ポリウレタン製）であり、天然のカイメンを模してつくられたものだ。古来、天然のカイメンは風呂場のスポンジなどに用いられ、女性の生理用品にも用いられてきたという。天然のカイメンは肌に優しいことから、今日においても地中海産などのものが流通している。モクヨクカイメンという種はふかふかして柔らかいため、天然スポンジとして重宝されている。

そう、穴だらけのスポンジというのは、本来は天然のカイメンそのものだったわけだ。

スポンジといえば――。

ふと三〇年も前のことを思い出す。

当時の私は新入社員で、テレビ局の報道部門に配属されたばかりだった。目まぐるしいニュースの発信業務についていけず、仕事でミスばかりしていた。

そんなある日、上司からキツイ一言があった。

「頭の中、スポンジなの？」と。

頭の中はスカスカなのか、もっと頭を使え、ということだ。

あるいは企画書を提出した際は、「何かスポンジみたいにスカスカだな」ともいわれた。

もちろん「中身が薄い」との指摘だ。そのような叱責を受けては逐一ムッとしていたものの、振り返ってみると「悪くはない比喩」だったかもしれない。

なぜならスポンジは、吸収力に優れている。弾力性もある。スポンジのようにスカスカという叱責は、「知識を吸収せよ」「頭を柔軟に」「もっと内容を拡充できる」という「スカスカの妙」を示唆してくれていたのかもしれない。

カイメンへの興味と相まって、スカスカという様相にも親近感がわいてくる。

カイメンのスカスカが愛おしいように、ヒトもスカスカくらいで丁度いいのかもしれない。

少なくともカチカチよりも、スカスカのほうが向上の余地はありそうだ。

スカスカなカイメンに会いに行きたい。

二〇二三年一二月、本州最南端である潮岬《しおのみさき》（和歌山県串本町《くしもとちょう》）の海に潜った。串本の海は多彩だ。黒潮の影響で亜熱帯と温帯の生き物が混在し、サンゴや魚の種類に富んでいる。「赤鯱《あかしゃち》ダイビングサービス」のガイドは、住崎《すみさき》という潜水ポイントを案内してくれた。

水深二十数メートルの海底に、巨大なカイメンが現れた。日本最大のカイメンといわれる、ミズガメカイメン（別称スリバチカイメン）だ。高さは一メートル、直径は七、八〇センチくらいだろうか。名の通り、水瓶《みずがめ》やすり鉢のような形をしており、窪《くぼ》んだ内部はぽっかりと空間になっている。ぼてっと海底にたたずむ姿は、異様な存在感だ。ここまで大きくなるには、途方もない歳月を要しているに違いない。水瓶というよりも、骨董品のような風格が漂っている。

緑青《ろくしょう》色をしたミズガメカイメンの表面はヒダのようにデコボコしており、無数の小さな穴（入水孔《にゅうすいこう》）がある。穴から大量の海水を吸い込んでは有機物などの養分を吸収し、てっぺんの大きな穴（出水孔《しゅっすいこう》）から、きれいな水を吐き出している（もちろん肉眼ではわからな

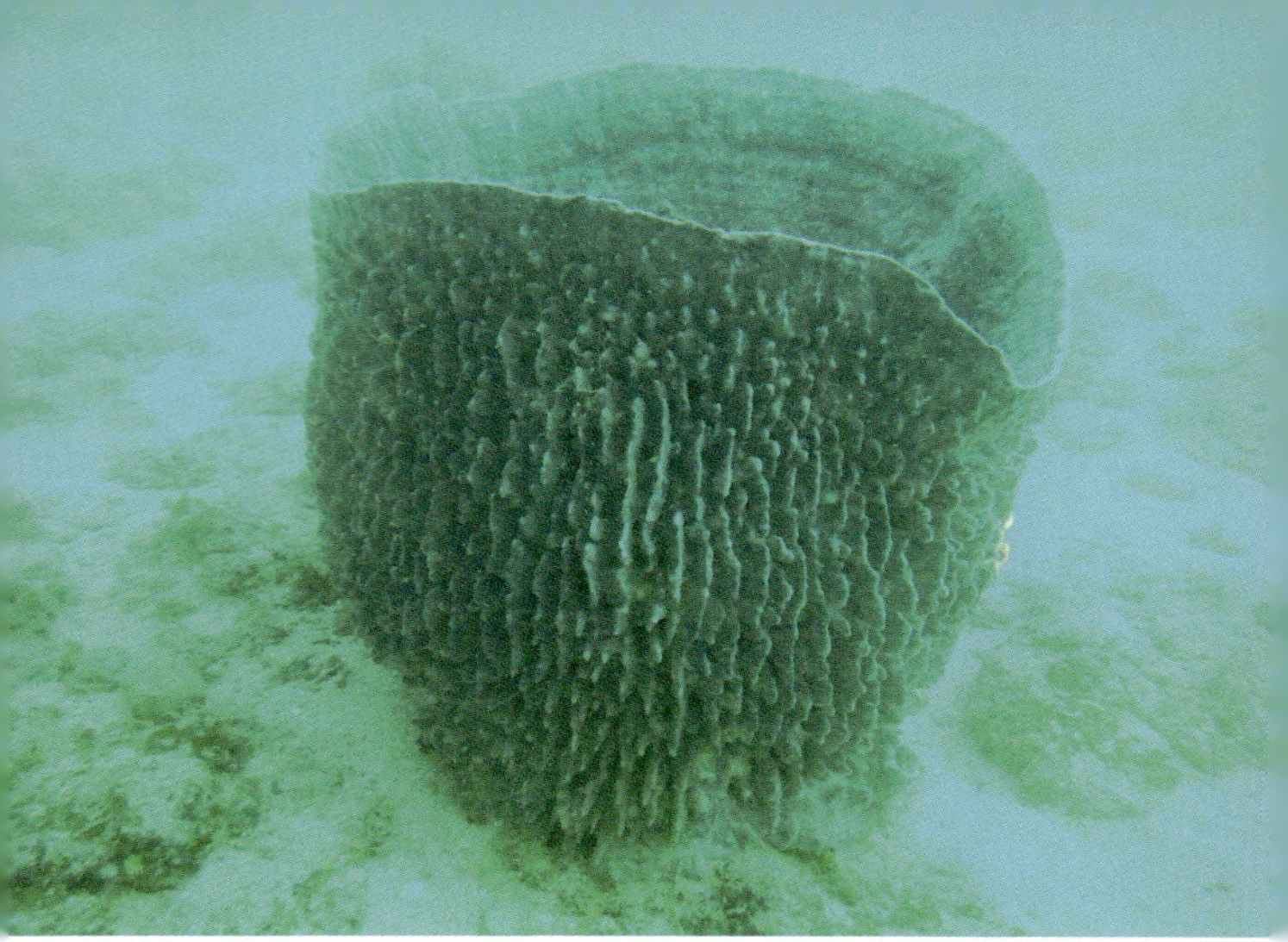

水深二十数メートルに生息するミズガメカイメン（和歌山・串本町）

い）。いわばカイメンは天然の濾過装置だ。海水の通り道となる無数の穴があるために、カイメンはスカスカな構造となっている。ナマコが砂を食べてきれいにしてくれるように、カイメンは海水を飲んで浄化してくれる。

ミズガメカイメンの表面には、小さなカニ（キクチカニダマシ）が身を潜めていた。エビやハゼの仲間が見つかることもあるそうだ。

また台風などで海が荒れると、魚はミズガメカイメンの窪んだ内部に身を寄せるという。すり鉢状の中にいれば、家の中のように安心して過ごせるのだろう。

一方のカイメンにとっては、海が大きく荒れると一大事だ。

潮岬には、アンドノ鼻と呼ばれる潜水ポイント

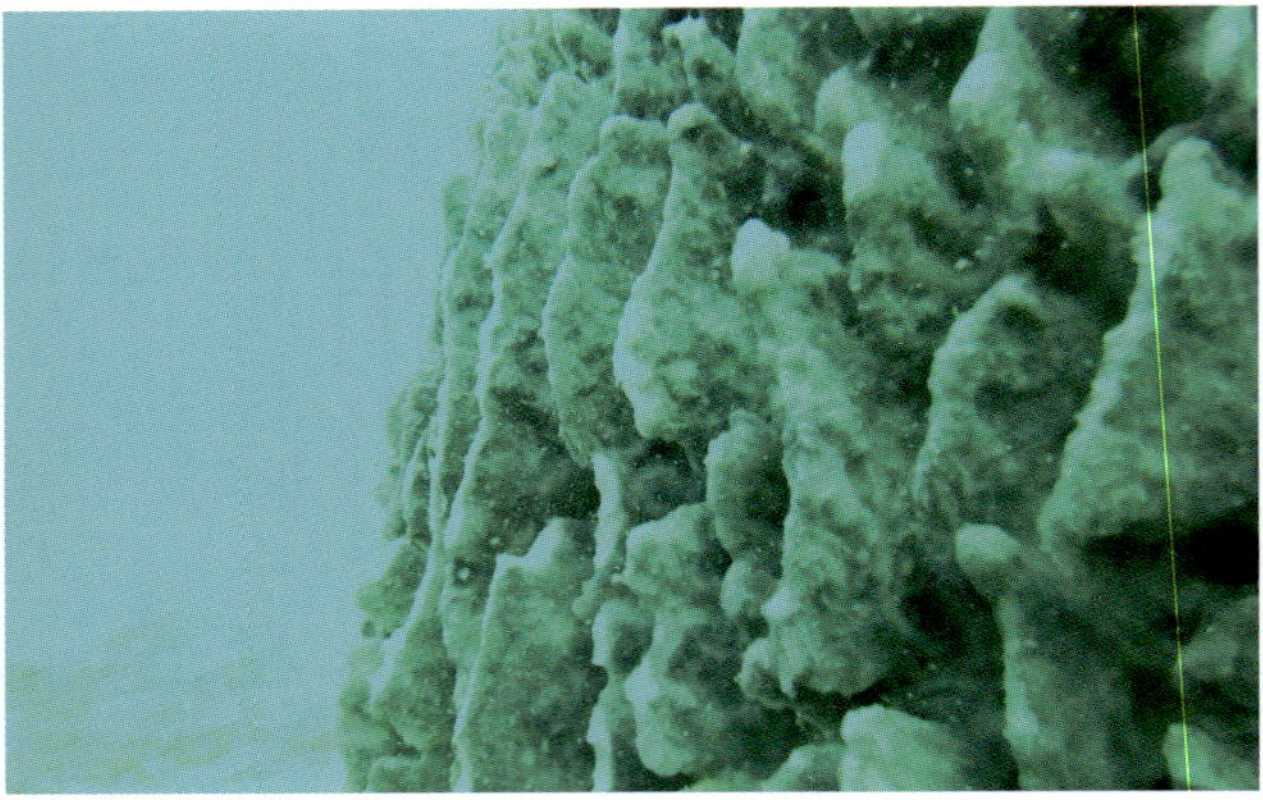

ミズガメカイメンのデコボコした表面（和歌山・串本町）

がある。そこにも巨大なミズガメカイメンがあり、海中の名所になっていた。しかし台風が過ぎ去ったある日、ミズガメカイメンは忽然と姿を消していたという。

台風で根元（基部）から折れて、どこかへ転がってしまったようだ。水瓶の形をしているので、海底をごろごろと転がりつづけたのだろうか。あるいは潮流によってばらばらに砕け、浜辺に打ち上げられたのだろうか。

ただカイメンは細胞レベルにまで粉々にしても、すりつぶしても死なないという。やがて細胞が再集合し、またカイメンの姿に戻るという驚異の再生力を持っている（同前）。

ならば、カイメンの寿命はいったいどれほどなのだろうか。

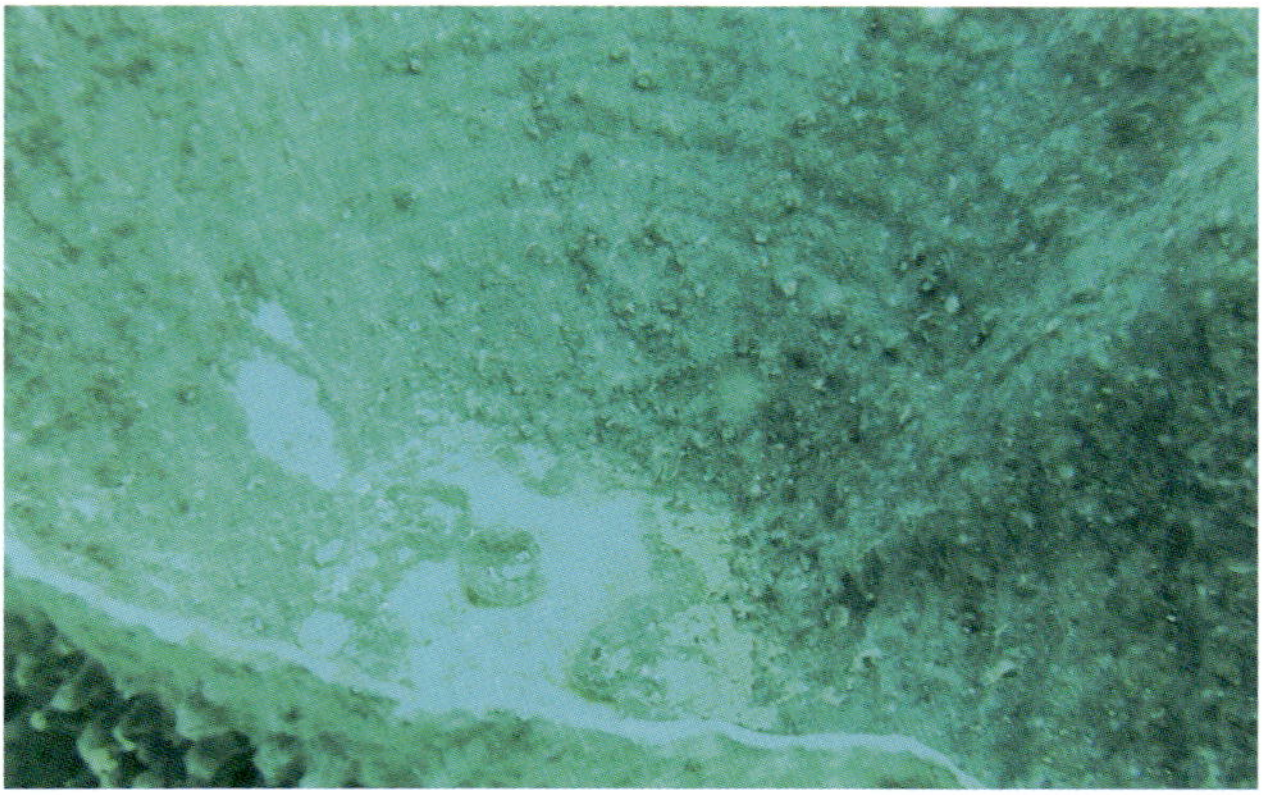

すり鉢のように中が大きく窪んでいる（和歌山・串本町）

残念ながらカイメンの寿命は、まだ詳しく解明されていないようだ。ただ太平洋の深海から見つかったガラス海綿の一種は、何と推定寿命が一万歳以上になるという。ヒトの時間感覚からすると、不老不死ともいえる記録だ。深海のカイメン礁は一メートル育つのに、二二〇〇年もかかるといわれている（同前）。

驚くのは、寿命の長さだけではない。

カイメンは六億年以上も前から地球に生息し、地球最古の動物（多細胞動物）はカイメンだとも考えられている。単細胞生物が多細胞動物に進化したことで、動物はあらゆる環境に進出できるようになり、生き残れる可能性も高くなっていった。

もちろんヒトも多細胞動物だ。

何も知らなかった私は、これまでカイメンに対する敬意を甚《はなは》だしく欠いてきた。カイメンの寿命や遥かなる誕生の歴史を考えると、ヒトはあまりにも卑小な存在だ。地球の新参者かつ寿命の短いヒトが、自然環境を損ないつづけているのは、おこがましすぎるように思えてくる。

ああ、もっとカイメンに会いに行こう。

自宅から足を運びやすい千葉県の外房、神奈川県の三浦半島や真鶴岬《まなづるみさき》をめぐった。どこへ行っても、潮の引いた海岸でカイメンの姿を見つけることができた。ただカイメンが多く生息する海岸、あまりいない海岸の差は明らかにある。とりわけ真鶴岬にある三《み》ツ石《いし》海岸には、多くのカイメンが生息していた。

真鶴岬のカイメン

真鶴岬の三ツ石海岸は大きな岩がごろごろ転がっており、歩きにくい。

しかしカイメンにとっては、岩の多い複雑な地形がいい棲み処になるようだ。潮間帯《ちょうかんたい》（潮汐《ちょうせき》で干上がったり水没したりする浅瀬）にある岩に目を凝らしてみる。潮が引いていると、観察しやすい。岩の側面、とくに岩底あたりに、べっとりとカイメンが張りついている。干潮時であれば、水中メガネがなくても見つけられるだろう。

出水孔の穴が点在するムラサキカイメン（神奈川・真鶴岬）

あちらこちらの岩陰を覗くと、塗料をこぼしたようにカイメンが付着している。鮮やかな色で目立つのは、ムラサキカイメンやダイダイイソカイメン。名の通り、前者は赤紫《あかむらさき》色で、後者は橙《だいだい》色をしている。黒いのはクロイソカイメン、緑色はナミイソカイメンだ。

大きさが一〇センチ前後のカイメンもいれば、五〇センチほどの大きさなものもいる。大きさだけでなく、体の厚みもばらばらだ。やけに厚ぼったく感じるカイメンもいる。それぞれの種がばらばらに生息しているかと思えば、入り乱れるように混生している場合もある。

これらがカイメンだと認識できるのは、指先で押してみるとブニブニ、ブヨブヨ、スカスカしているからだ。岩肌に生育する海藻とは、明らかに

出水孔の穴が突き出ているクロイソカイメン（神奈川・真鶴岬）

異なる感触だ。

カイメンを指先で押すと、ぎゅっと水が滲み出てくる。潮が満ちるまで体が干上がらないよう、海水を蓄えているためだ。また、ヒトの顔にできる「吹き出物」のように、小さな穴がブツブツとあいているのもカイメンならでは。この突起した穴は、体表から吸い込んだ水を吐き出す出水孔だ。

岩陰には濃い紅《べに》色をした玉のようなものが、たくさん張りついている。これは直径三センチほどのウメボシイソギンチャクだ。県の天然記念物に指定されており、真鶴岬では貴重なウメボシイソギンチャクが群生している。ウメボシイソギンチャクは潮が引いた際、まさに梅干のように丸く縮んでいる。ウメボシイソギンチャクがいる周辺を探すと、大抵はカイメンもいる。両者ともに、波

ヨロイイソギンチャク（円形）の周りにダイダイイソカイメン、クロイソカイメン。わずかにムラサキカイメン（左）、ナミイソカイメン（左下）の姿も見える（神奈川・真鶴岬）

の影響を受けにくそうな岩陰に生息していることが多い。ウメボシイソギンチャクも潮が満ちるまで、干上がらないように海水を体内に蓄える。そのため熟《う》れた果実のように、ボヨボヨしている。ウメボシイソギンチャクはボヨボヨ、近くにいるカイメンはブヨブヨ、スカスカ。豊かな磯は、多様な手触りでもヒトを愉しませてくれる。

四つ葉のクローバーを探すようなものだろうか。

磯でカイメンを探していると、目がだんだん慣れてくる。次々とカイメンが見つかるので愉快だ。玉のような形をしたものは、ユズダマカイメンだろう。まさに柑橘類の柚子《ゆず》のような色をした球状のカイメンだ。直径二、

ウメボシイソギンチャクとクロイソカイメン（神奈川・真鶴岬）

三センチほどで、触るとわずかに弾力があるものの、（クロイソカイメンなどに比べると）少し硬いのが特徴だ。

ヒトは道端に花が咲いていれば立ち止まり、枯れてしまえば通り過ぎてしまう。海も同じく、魚などの生き物がいれば観察し、何もいなければ無意識に通り過ぎてしまう。固着生物であるカイメンが素敵なのは、「いつもそこにいる」ことだ。おおよその場所を覚えておけば、再訪した際にまた会える。花のように枯れてしまうこともなければ、魚やカニのようにいなくなってしまうこともない。カイメンは逃げも隠れもせず、いつだってヒトを優しく迎えてくれる。

これまでは、ほとんど意識することなく通り過ぎてきた生き物、カイメン——。

何てことだろう。

本当は最も友達になりやすい生き物だったのではないか。

ヒトとカイメン

こうしてカイメンを観察していると、素朴な疑問がわいてくる。

そもそも、カイメンは食べられるのだろうかと。

カイメンは海底の岩などに付着するホヤに見た目が似ている気もするので、食べられるのではないかと思ってしまう。ご存じのようにホヤ（マボヤ）は、東北地方などでよく食べられている。乾燥ホヤは噛むとスルメのように旨みが出てくるので、酒との相性は抜群だ。ホヤもカイメンと同じく、海水を出し入れする入水孔、出水孔を持っている。ただし、ホヤは脳神経や心臓、消化器官を持っており、器官を持たないカイメンとは体の構造がまったく異なっている（ホヤは海綿動物ではなく、原索《げんさく》動物）。

結論をいうと、カイメンは食べられない。

カイメンにはガラス質の骨片《こっぺん》があるため、捕食者の口や消化管を傷つけてしまう。いわばカイメンの体の中には、食べられないようにするための「棘」がある。少しややこしいが、ガラス海綿である六放海綿綱にはガラス質の「立派な骨格」があり、普通海綿綱にはガラス質の「細かい骨片」があるわけだ。またカイメンには有毒な化学物質が含まれ、捕食されないように防御をしている。

ただ骨片や毒の影響を受けずに、むしゃむしゃカイメンを食べる生き物もいる。ウミガメであるタイマイやウミウシ（ナメクジのような海の生き物）は、カイメンを食べる。タイマイは、食べたカイメンの毒を自分の体にため込むという（二次的に毒化）。そのためタイマイの肉を食べて、ヒトが死亡したケースもあるそうだ。

やはりヒトは、カイメンを食べられない。

では、カイメンである天然スポンジの使い心地はどうだろう。

インターネット通販を使って、天然スポンジ（ギリシャ産のモクヨクカイメン）を取り寄せてみた。もちろん人工スポンジに比べると、廉価なものではない。手のひらほどの大きさで、数千円だった。

おお、これが天然のスカスカなのか。

本来のスカスカは、かくも心地よいものだったのか。

ぎゅっと握れば極端に小さくなり、力を緩めれば弾けるように膨らむ。弾力性と吸水性が秀逸だ。身体を洗う際の泡立ちはきめ細かく、肌を包み込むような柔らかさがある。天然スポンジは、肌の弱い幼児にも有用だという。天然スポンジとして用いられるモクヨクカイメンは、「海綿質繊維だけで体を支えている種」のカイメンだ。つまり骨片がないので、スカスカ、ふわふわしたスポンジになる。

カイメンを探しに真鶴岬へ出かけた際は、真鶴町立の遠藤貝類博物館に何度も立ち寄った。膨大な貝類のコレクションが展示されているだけでなく、定期的に「海の自然実感教室」も開催されている。参加すると、海の生き物のことを詳しく教えてくれる。これまでに真鶴岬に漂着した多くのカイメンも見せてくれた。

大きさ三〇センチほどのザラカイメンは、名の通りザラザラして硬い。直径三、四〇センチはありそうな円形状のカイメンは、モクヨクカイメンだろう。この大きなカイメンだけが、スカスカ、ふわふわして柔らかい（骨片がない種類）。やはりカイメンは、柔らかなモクヨクカイメンが人気だ。教室には多くの子どもが参加しており、みな感嘆の声を上げながらモクヨクカイメンを揉みしだく。大人の私も揉まずにはいられない。人工物では味わえない、優しい揉み心地に誰しも魅了されてしまう。

ヒトは生き物の智慧を拝借して、多くの恩恵を得ている。

カイメンを真似て人工スポンジがつくられたように、生き物に含まれる成分を模倣して薬がつくられたケースも枚挙にいとまがない。

生き物の多くは生き延びるために、何かしらの毒物や抗菌物質を備えている。たとえば抗がん剤として用いられている薬には、カイメンに由来するものがある。かつてクロイソカイメンに共生している微生物が生産する物質から、がんを抑える新しい物質が見つかったという。その構造を解明し、同じ薬効を人工的に(化合物として)つくり出すことに成功した。その過程には大きな苦労があったとはいえ、クロイソカイメンという「お手本」がなければ、新しい薬はつくられなかったことだろう。

スカスカのカイメンは「中身がない」のではなく、スカスカな体で生きられる「精巧な構造」だ。いっそヒトもカイメンを見習って、自分自身をスカスカな存在だと認識したい。カチカチに干上がるのではなく、スカスカでありつづけたい。

スポンジに水を含ませるように、知識や経験を吸収して学びつづける。

それでも頭のスポンジは、すぐに乾いてくる。

きっとヒトは、スカスカの頭に「水」を注入しつづけなければならないのだ。スカスカであると自覚するからこそ、「水」を求めて前へ前へと進むことができるに違いない。

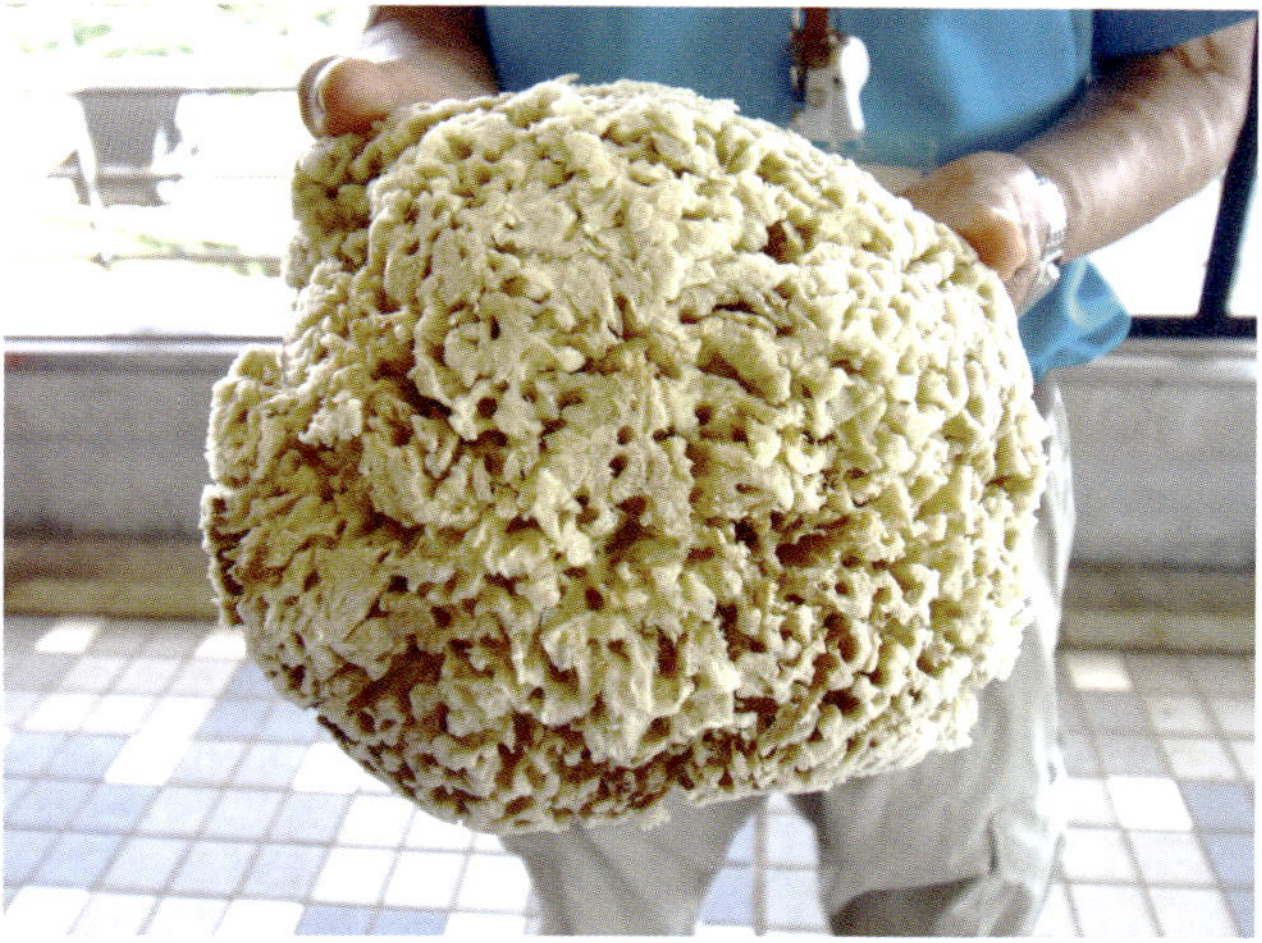

上：硬いザラカイメン（神奈川・真鶴町立遠藤貝類博物館）
下：ふわふわして柔らかいモクヨクカイメン（同上）

自宅の机の上には、いつもスポンジがある。

紙をめくる際に、指先を水で濡らすためのものだ。私の仕事は本の執筆や編集であるため、日常的に大量の紙を用いる。書籍や資料の紙もあれば、原稿を出力した紙の束《たば》もある。それらに目を通す際は、ひっきりなしにスポンジを用いて指先を濡らす。加齢ですっかり指先の潤いが失われたのか、今では最も多用する文具の一つだ。指先をべちょべちょと濡らさないと、まったくもって仕事がはかどらない。スポンジが乾かないよう、しきりに水を補充することも欠かせない。

紙めくり用のスポンジも、かつては天然のカイメンが用いられていたという。

——と思い込んでいた。

よくよく探し回ってみると、今でも天然のものが流通している。

人工のスポンジよりわずかに高値であるものの、何百円かで購入できた。手にした黄色いカイメンは、オーストラリア製とある。苔玉《こけだま》のような丸い形状が可憐だ。箱の注意事項には「カイメンの形、色が均一ではない」という旨も記されていたが、それこそ天然の証であって悦ばしい。

水に浸した使い心地は、どうだろう。

指先にふわっと、優しい感覚が伝わってくる。表面に微妙な凹凸があるため、そっと触れただけで指先がしっかりと濡れる。指先を濡らす必要がないときも、思わず触れたくなってしまう。そして何より、机の片隅にカイメンがあることに安らぎを感じる。

カイメンはヒトを鼓舞激励するかのように、見守ってくれている。

「スカスカでいい。吸収せよ。前へ進め」と。

裏側は不思議な姿

カブトガニ

Tachypleus tridentatus

カブトガニ目
カブトガニ科

カブトガニの「スカスカした」腹面（愛知・竹島水族館）

スカスカの腹面

カイメンは、愛すべきスカスカだった。

何かカイメン以外に、スカスカな海の生き物はいるだろうか。

そういえば……カブトガニもスカスカではないかと、思い浮かぶ。

おそらく誰もが、カブトガニの姿をすぐに思い浮かべることができる。カブトガニは（一見したところ）じつにシンプルな外見をしているからだ。苔《こけ》色をしたヘルメットのような甲羅（前体と後体を覆う外骨格）、そして一本の剣のような尾剣《びけん》――ただこれだけのように映る。

しかし、カブトガニの裏側（腹面）は大きく印象が異なる。

甲羅の裏側は、やけにスカスカしている感じがする。小さな頭に大きなヘルメットを被せたかのように、スカスカだ。五対ある脚（歩脚《ほきゃく》）をシャカシャカとしきりに動かせるのは、甲羅の裏側がスカスカしているおかげだろう。餌（ゴカイ類など）を食べるための鋏角《きょうかく》（小さな付属肢《ふぞくし》）も一対ある。

カブトガニの腹面はスカスカであると同時に、少々グロテスクだ。

しきりにシャカシャカと動く脚は、長くて太い。歩脚の先端はハサミ状または鉤爪《かぎづめ》になっている（鉤爪はオスがメスにしがみつくためのもの）。ぎょっとする生々しさがあるのは、五対の脚がばらばらに動くためだ。カニやエビであれば、進行方向によって歩脚の動きはおおよそ想像がつく。しかしカブトガニは、海底を掻《か》きむしるように脚をばらばらに動かす。その予測不能な脚の動きは、どこかヒトを落ち着かない気持ちにさせる。

そもそもカブトガニはカニ（甲殻類）ではなく、クモやサソリの仲間に近い生き物だ（鋏《きょう》角類《かくるい》）。脚の数が多いクモ（四対八本）は、ちょっと怖い。カブトガニはクモよりも脚の数が多いので、なおさらぎょっとする。カブトガニには、クモやサソリと共通する器官がいくつもあるという。

なぜ、カブトガニの腹面をかくも仔細に語るのか。

それは幼少期の記憶が、脳裏にこびりついているからだ。

——香港で暮らしていた、小学生のときのこと。

ある休日、親に伴われてランタオ島へ出かけた。美しい浜辺で目に飛び込んできたのは、カブトガニ。それは露店で売られている、カブトガニだった。カブトガニが食用とされていることに、小学生だった私は衝撃を受けた。恐る恐る近づいてみると、カブトガニは裏返しにされている。甲羅をひっくり返されたカブトガニは、何匹も積み重ねられていた。

「カブトガニの裏側はスカスカしているな」と感じつつ、さらに近づいて覗き込んだ。する

甲羅が取り外されたオスの腹面。上部は歩脚、下部はエラのある蓋板
（岡山・笠岡市立カブトガニ博物館）

と、またもや衝撃を受けた。脚がカサカサと動いている。まだ生きていた。裏返しにされたカブトガニは、もう逃げられない。目の前は海だ。なのにカブトガニは海へ帰れない。その「切ない光景」が幼心に、灼《や》きついてしまった。

　そんな記憶から長い歳月が経った昨今、カブトガニは香港ではあまり食べられなくなったと聞く。それでも二〇二四年二月に香港を訪れた際は、西貢（サイクン）の海鮮市場でカブトガニの姿をわずかながら目にした。

カブトガニのことをもっと知りたい。

岡山県に笠岡《かさおか》市立カブトガニ博物館がある。

　この博物館では、カブトガニの保護や研究をおこなっている。また、カブトガニに特化した世界唯一の博物館としても知られる。ゆっくり見学すると、カブトガニのことがよく理解できる。甲羅で覆い隠されている体の（内部）構造も、詳しく知ることができる。目を惹くのは、甲羅がない標本だ。カブトガニは人為的に甲羅が取り外されると、何の生き物かさっぱりわからなくなる。

やはり腹面から見た歩脚は長くて太く、クモのようで怖い。一方、甲羅が取り外された背面には、脳や心臓、胃や腸、卵巣など様々な器官がある。カブトガニはシンプルな構造に見えるものの、甲羅で隠されているだけだった。つまり解剖のために甲羅を引き剝がさない限り、背面はつるりとした甲羅、腹面は脚と（葉っぱが重なったような）蓋板《がいばん》しか、ほとんど目につかない。

館内には日本に生息するカブトガニの他に、アメリカカブトガニ、マルオカブトガニ、ミナミカブトガニの標本も展示されている。地球上には四種類のカブトガニが生息しているわけだ。見比べてみると、体の大きさや尾剣の形など相違点はいくつかある。しかし、ぱっと見た限りでは、まったく見分けがつかない。甲羅と尾剣さえあれば、すべて同じ種類のカブトガニに見えてしまうから不思議だ。

日本のカブトガニの全長（甲羅の先端から尾剣の先まで）は、メスが六〇センチ、オスが五〇センチほどになる。いったいカブトガニは、スカスカした大きな甲羅が邪魔になることはないのだろうか。お椀を伏せたような甲羅では、海底を這い回ることしかできず、行動範囲が制限されてしまうのではないか。

しかし、杞憂だった。意外にも、カブトガニはすいすいと泳げるのだった。博物館ではカブトガニが泳ぐ姿も映像に収められている。カブトガニが泳ぐときは、水中で仰向けになる。いわば背泳ぎだ。伏せたお椀をひっくり返した格好、つまり船のような形になるため、浮力を得やすいという。そして蓋板にあるエラをヒレのようにバタバタさせて、前へ進む。尾剣は舵《かじ》の役割を果たし、行きたい方向へ進むことができる。

スカスカした大きな甲羅は、生息環境にも適合している。カブトガニは波が穏やかな干潟で暮らしている。干潟は柔らかい砂泥であるため、ヒトであれば足がズボズボと深く埋まってしまう。しかしお椀を伏せたようなスカスカした甲羅であれば、泥の中に完全に沈み込んでしまうことはない。大きな甲羅で防御しつつ海底を這っている限り、捕食者に襲われることも少ない。

和歌山県にある「すさみ町立エビとカニの水族館」にも足を運んだ。

ここではエビやカニなどの甲殻類を中心に、約一五〇種もの生き物が展示されている。

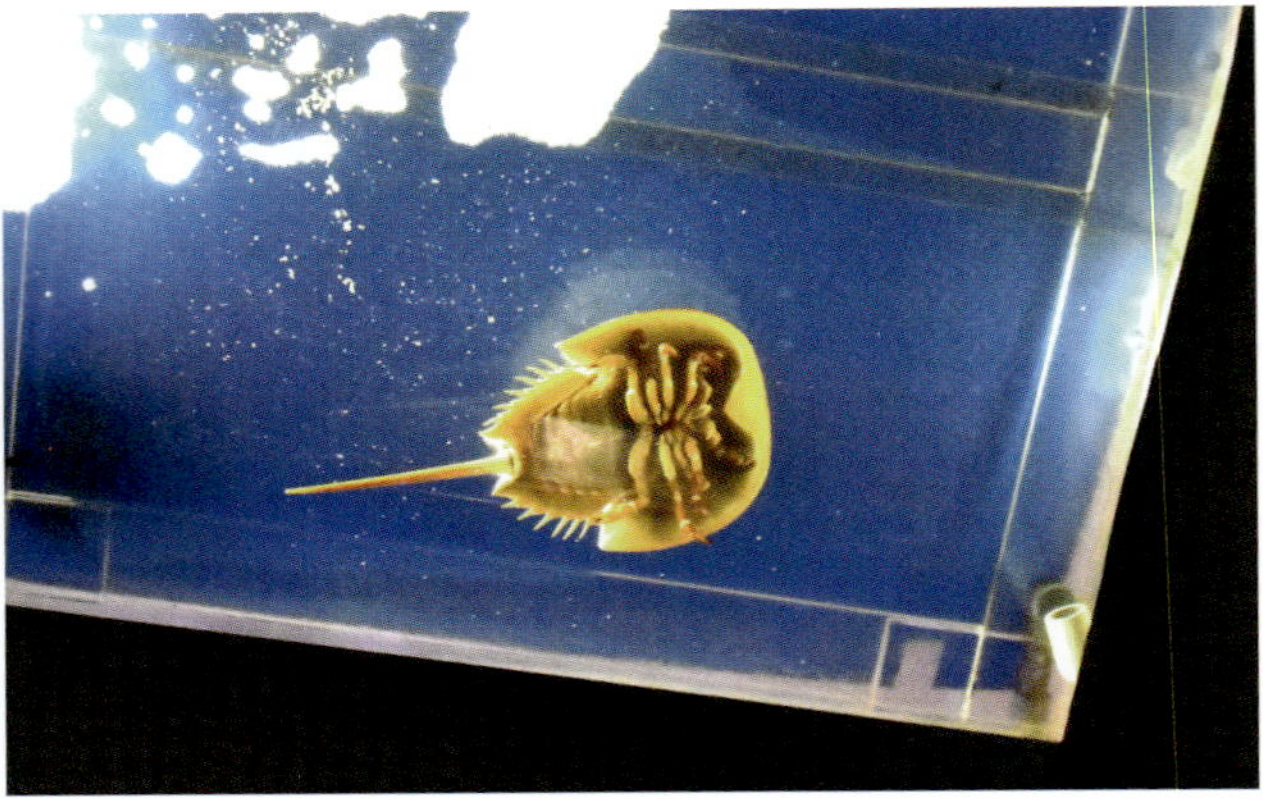

腹面を眺めるために設けられた天井の水槽（和歌山・すさみ町立エビとカニの水族館）

「カブトガニはカニじゃない」と館内の案内板で示しつつ、（鋏角類である）カブトガニも多く飼育されている。

カブトガニが展示されているスペースには、何と天井にも水槽がある。天井を見上げると、カブトガニの腹面をガラス越しに観察できる。カブトガニを真下から見上げられるのは、大変ありがたい。

どんなにカブトガニが動き回っても、腹面が丸見えなのだ。スカスカした甲羅、シャカシャカと動く脚を、じっくりと観察できる。

「生きている化石」と呼ばれるカブトガニを眺めていると、むくむくと思いが膨らんでくる。海でカブトガニが暮らしている姿を、実際に確かめたくなってくる。

野生のカブトガニに、会いに行きたい。

カブトガニの産卵

日本でカブトガニが生息しているのは、瀬戸内海と九州北部の沿岸だ。

しかし開発によって沿岸がどんどん埋め立てられ、カブトガニが生息していた多くの干潟は消滅してしまった。絶滅危惧種となっているカブトガニに出会えるのは、今や限られた地域の干潟しかない。しかも冷血動物であるカブトガニは海水温が下がると、沖合の海底で冬眠するという。水温が高くなる初夏から動き出すようで、カブトガニが活動している時期は限られている。一年の活動は三～六カ月ほどと考えられ、残りの時期は餌も食べずに休眠しているという。

そう、カブトガニはじつに出会いにくい。

やはり産卵のタイミングを狙うのが、絶好の機会だろう。

産卵の時期は、主に七月から八月だ。カブトガニは大潮（前後の数日間）の満潮になると、つがいで砂浜に現れて（砂の中に）産卵する。

二〇二三年の七月下旬、佐賀県の多々良《たたら》海岸（伊万里《いまり》市）を訪れた。ここでは近年、カブ

カブトガニの産卵を突堤から観察する（佐賀・伊万里市の多々良海岸）

トガニの産卵が国内で最も多く確認されている。市役所の告知で「カブトガニの産卵を観る会」と「幼生放流会」が同日に開催されることを知り、勇んで参加した。

まずは午前の満潮時に合わせて、「カブトガニの産卵を観る会」がはじまった。

伊万里湾内にある多々良海岸は、延々と護岸されている。それでも突堤がある場所に、砂がたまった干潟がある。このわずかに残された干潟が、とても貴重な場所だ。ここに、カブトガニが産卵にやってくる。

ひたひたと潮が満ちてくると、カブトガニが波打ち際に次々と現れた——。

音もなく現れるため、ふと気づけば目の前にいる。合計すると一〇組ほどのつがいだ。伊万里高

前方メス、後方オスのつがいで産卵する（佐賀・伊万里市の多々良海岸）

校（理化・生物部）の生徒が、カブトガニの生態や産卵状況を説明してくれる。カブトガニのつがいは、前方がメスだ。オスが後ろから、被さるようにくっつく（抱合《ほうごう》）。カブトガニはメスが大きくて、オスが小さい。後ろから被さるオスが大きいと、（下にいる）メスに負担がかかってしまうためだ。またメスは卵をたくさん抱えられるように、オスよりも大きく生育する。

海底の砂を掘り、メスが窪みに産卵する。オスが放精して、卵を受精させる。産卵を終えると、少し前進しては次の産卵をおこなう。こうして何回かの産卵がおこなわれているものの、大きな甲羅があるので海底の産卵風景は目にできない。

ただ海面には、産卵泡《さんらんほう》と呼ばれる白い泡が浮かび上がる。産卵の動きによって生じる泡は粘性《ねんせい》が

水面の泡は産卵泡（佐賀・伊万里市の多々良海岸）

あるようで、なかなか消えない。この泡の存在こそが、まさにカブトガニが産卵中であることを物語っている。

産みつけられた卵は五〇日ほどで孵化《ふか》するものの、やはり自然界は厳しい。干潟に目を凝らすと、もう卵を狙う魚が集まっている。カブトガニのつがいをつけ回すように、チヌ（クロダイ）やアカエイが群れている。黒いウナギもいる。卵を食べられないよう、カブトガニはできるだけ岸に近づいて産卵を試みる。じきに潮が引けば干上がるため、卵を狙う魚は手出しができなくなる。

満潮を過ぎた頃には産卵を終えて、カブトガニは沖合へ戻っていく。

それにしても、暑い。

日中の気温は、三三度を上回った。

産卵中の卵を狙ってチヌが群れる（佐賀・伊万里市の多々良海岸）

干潟をじっと観察していると、空からも海面からも強い陽射しを浴びる。とめどなく汗が流れ、何だかふらふらしてくる。カブトガニは晴天かつ気温の高い日ほど、産卵する傾向にあるという。産卵の神秘的な瞬間というのは、不摂生な中年にとっては酷な瞬間だ。

身体を冷やしたい。海に浸かりたい。といっても、目の前に広がるのは干潟の海なので泳げない。そもそも稀少なカブトガニの繁殖地に踏み入ることはできない。午後の「幼生放流会」は夕方におこなわれるため、まだまだ時間はある。

レンタカーで近くの海水浴場へ向かう。多々良海岸から北へ七キロほど進むと、イマリンビーチ（伊万里人工海浜公園）がある。ここは造成された海岸であるものの、真っ白な砂浜が美しい。（多々良海岸と同じく）伊万里湾内にあるため、波は穏やかだ。ささっと着替えて海に飛び込むと、水温は二九度ほど。なかなか水温が高い日に、カブトガニは産卵しているわけだ。それでも水の冷たさは心地よく、ばしゃばしゃと一人で泳ぐ。イマリンビーチは広大で、砂浜の長さは五〇〇メートルを超える。

急停車するかのように、泳ぎを止めた。

水深は一・五メートルほどだろうか。

海底の砂地にカブトガニのつがいが一組いた。満潮から二時間以上が経っているため、産卵を終えたカブトガニだろうか。そういえば波もないのに、海面には泡が所々に浮いている。これはカブトガニの産卵泡なのだろう。

ここは泥質の干潟ではなく、さらさらの砂が敷き詰められた人工浜だ。栄養分の多い濁った干潟とは異なり、水も澄んでいる。造成された海水浴場にもカブトガニが産卵するとは驚きだ。ただし広大な遊泳区域をしきりに泳ぎ回ってみたものの、カブトガニのつがいを発見できたのは先の一組だけだった。

監視員に尋ねてみると、海水浴客から時々「カブトガニがいた」と耳にするそうだ。幸いにも「踏んづけてしまった」といったケースはないという。産卵場所として（ヒトがいる）

放流会で配られたカブトガニの幼生（佐賀・伊万里市）

海水浴場はあまり適さないように思えるが、産卵できる場所がそれほど減ってしまっているのかもしれない。

夕方、多々良海岸に戻ると「幼生放流会」がはじまった。

放流するのは、潮が引いた時刻。干潟が干上がっているので、少し沖合から放流できる。やがて潮が満ちてくるため、幼生は（岸辺で干上がることなく）生き延びやすくなる。幼生は地元の小学生や高校生らが、卵から大事に育てたものだ。

子どもたちが手分けをして、透明な容器（クリアカップ）に入れられた幼生を波打ち際に放っていく。「元気でね」「大きくなって戻ってきてね」と、各々が幼生に声をかけて放流する。

放流会で準備された幼生は、約三千匹。見学に訪れた大人にも、放流する機会が回ってきた。海水が入った容器を覗くと、もぞもぞと幼生が動いている。大きさは一センチに満たないものの、もうカブトガニの形をしている。短い尾剣も生えている。幼生は、枕に用いられる「そば殻」のような姿だ。

「いってらっしゃい」「お元気で」と声をかけて、少しずつ放流していく。一方、付き添ってくれた伊万里高校の生徒は冷静だった。「ちょっと弱っている幼生もいますね。生き延びられるかどうか……」と。そう、放流する幼生は生徒らが一年かけて育てたものだ。その過程で衰弱や死も身近に接してきただけに、放流を手放しでは悦べない。これからはじまる自然界の厳しい淘汰《とうた》に思いを馳せている。

生徒らは、この夏に産み落とされたカブトガニの卵を保護して、また一年かけて育てていく。魚が卵を食べてしまわないように、守っているのだ。また、産卵地に流れ着くゴミの掃除も欠かせない。伊万里市では学校や市民、行政が一体となって、カブトガニの保護活動がつづけられている。

旅を終えてカブトガニの文献を調べていると、ある新聞記事が目についた。

長崎市内の食料品店で、カブトガニが見つかったという記事だ。

何と売り物の鮮魚パックに、「体長約五センチ」のカブトガニが紛れ込んでいたそうだ。

店員が発見したカブトガニは、長崎ペンギン水族館（長崎市）に引き取られて、飼育されることになったという（『長崎新聞』二〇一九年九月二二日付）。

このカブトガニは漁の網にかかって、売り物の魚に紛れ込んでしまったのだろう。魚の多くは陸に揚げられると、五分ほどで死んでしまう。しかし、カブトガニのエラには保水力がある。エラさえ濡れていれば、水がなくても何日も呼吸できるという。一説では二週間以上も生きたケースがあるようだ。そのため鮮魚パックに紛れ込んでも、カブトガニは生きつづけていたわけだ（ただやはり衰弱していたのか、水族館によると一カ月も経たずに死んでしまった）。またカブトガニは一、二年であれば、絶食状態であっても生きられるという。

そんなカブトガニの生命力の強さで、放流された幼生も生き延びてほしいものだ。

カブトガニは一年に一回ほど脱皮して、一五年くらいで成体になる。寿命は二五年ほどと推定されている。成長すると、浅瀬から沖合へ移って暮らすようになる。

ヒトとカブトガニ

日本では稀少な存在であるカブトガニ。

なのに中国や東南アジアなどでは、カブトガニが昔から食べられている。とりわけタイでは、カブトガニが売られているのを目にすることが多い。

二〇二四年六月、タイのアンシラーを訪れた。

ここは首都バンコクから南東に約六〇キロ離れた、海辺の町だ（チョンブリー県）。開発が進むとともに、東南アジアにおいてもカブトガニの数は減少傾向にあると耳にする。それでもアンシラーや近くのバンセーンビーチでは、カブトガニがよく獲れるそうだ。市場や屋台を覗くと、カブトガニが普通に売られている。

思いが逡巡《しゅんじゅん》する。

稀少なカブトガニを食べたくない。けれども食べたい。

店先に並べられたカブトガニは、もう海へ帰れない。

ならばこの際、思い切って味わってみたい。

タイの沿岸で生息しているのは、ミナミカブトガニとマルオカブトガニの二種。食べられるのはミナミカブトガニであって、マルオカブトガニではない。マルオカブトガニは毒（フグ毒と同じテトロドトキシン）を持つものがあり、誤って食べて死亡する事故も起きている。

両者の見分け方は、主に尾剣だ。尾剣を切断して、その断面（切り口）が「三角形」であればミナミカブトガニ、「円形」であればマルオカブトガニとなる。

屋台で売られているミナミカブトガニ（タイ・バンセーンビーチ）

市場や屋台を回ると、尾剣がすぱっと切り落とされている。

これは尾剣の断面が「三角形」であること、ミナミカブトガニを扱っていることを示してくれている。毒を持つマルオカブトガニは扱っていない、との証明だ。

鮮魚店が立ち並ぶアンシラー市場で、カブトガニを購入。一人旅なので、できる限り小さなものを選ぶ。当時のレートで換算すると、六〇〇円ほど。さっそく市場にあるテーブルで食してみた。

裏返しにされたカブトガニは、やはりスカスカだ。しかしタイで食用にされているのは、カブトガニ（メス）の卵だ。カブトガニの甲羅は「一枚板」のように見えるが、外膜と内膜のような二層構造になっている。この両膜の間に、びっしりと卵が詰まっているのだ。つまりカブトガニを甲羅のまま焼き、最後に内膜をナイフでべりべりと引き剝がす。すると蒸し焼きになった卵が食べられるというわけだ。

鼻を近づけても、匂いはあまりしない。スプーンでほじくり出すようにして、粟《あわ》のような黄色い卵を口に入れる。

どうだろう。

プチプチとした食感、わずかな苦み――。食欲をそそるような見た目ではないものの、意外にも美味しい。わずかに泥臭い風味にも感じるが、ほのかに味噌味のような滋味深さもある。カブトガニを購入するとサラダと甘辛い調味料もセットにしてくれるので、卵をサラダにまぶして食べるのも美味しい。「ヤム・カイ・メンダータレー」と呼ばれるタイ料理は、カブトガニの卵をサラダに和えたものだ。青パパイヤ、紫玉ねぎなどが入った瑞々しいサラダは、卵の臭みを消す効果もある。サラダにすると卵の風味そのものは薄くなるものの、さっぱりとした味わいで食べられる。

ただ後日、別の場所で「ヤム・カイ・メンダータレー」を食した際は、すでに調味料のナンプラーが大量に入っていたため、卵の味がさっぱりわからなかった。

これまで、ずっと気になっていた。

甲羅の内膜をめくると卵が詰まっている（タイ・アンシラー市場）

なぜカブトガニの卵だけをわざわざ食べるのか、と。

卵だけのために捕獲するのは勿体ないのではないか、と。

しかし、その背景が少し理解できたような気がする。卵の量がびっくりするほど多いのだ。卵だけでも十分な量がある。日本のカブトガニだと、一匹のメスの体内には約二万個もの卵があるという(『カブトガニの謎』)。またカブトガニの卵は栄養価の高いものとして地元で認知されているため、やはり卵にこそ価値があるのだろう。

食べても食べても、卵がある。そのまま食べたり、サラダに和えたり、調味料を足したりして味を変えていく。ようやく平らげると、卵だけなのに満腹だ。

市場のゴミ捨て場に、食べ終わったカブトガニの殻を運ぶ。あまりにも身勝手だが、この期におよんで心が痛む。卵を平らげたといっても、カブトガニは「ほぼ原形」をとどめているからだ。

しかし身勝手な感傷に浸っても、虚しい。せっかくカブトガニから貴重な滋養を得たのだから、実りある日々を送ろう――と思い直した。

帰国してからは心を入れ替え、国立国会図書館に足しげく通う。

『歴史の中のカブトガニ』を紐解《ひもと》いてみると、カブトガニを食用としてきた歴史が仔細に綴られていた。中国ではカブトガニの卵以外も、料理に用いていたようだ。カブトガニの殻や内臓などを粉末にして料理に混ぜたものや、カブトガニの血を用いてカブトガニを煮たものもあったという。おそらく食べられる身が少ないだけに、工夫が重ねられたのだろう。中国では古くから医食同源の考えがあり、カブトガニは薬膳料理として重宝されてきたようだ。

日本でも戦後の食糧難の時代には、カブトガニの卵を食用にした地域もあったという。しかし大抵の場合は、「厄介者」と見なされていたようだ。漁師の網にカブトガニがかかると、網に絡まってしまう。また後体にあるトゲトゲした縁棘《えんぎょく》で、網が破れてしまう。そのため捕らえられたカブトガニの多くは、（乾燥させて粉末にするなどして）畑の肥料に用いられたという。

ただ日本のカブトガニが絶滅の危機にまで追い詰められたのは、大規模な干拓事業を筆頭とする、沿岸の埋め立てや護岸工事が主な要因だ。戦後、生息・繁殖地となっていた干潟の多くは埋め立てられてしまった。たとえば多くのカブトガニが暮らしていた神島水道《こうのしますいどう》（岡山県）も、一九六〇年代からはじまった笠岡湾干拓事業（九〇年に干拓竣工）によって、大きく埋め立てられた（生息・繁殖地だった生江浜《おえはま》海岸は干陸化《かんりくか》）。笠岡湾の干拓事業によって、一〇万匹のカブトガニが死滅したとも推定されている（『毎日新聞』一九九九年九月三日付）。そもそも終戦直後の日本には数十万～一〇〇万匹のカブトガニ（成体）が暮らしていたようだが、今では全国で三千匹ほどと推定されるという（『朝日新聞』二〇〇九年六月二〇日付）。

もちろん開発事業、そのすべてが悪ではない。人口増加、食糧増産、高度経済成長期、防災、地域振興などと、時代に合わせた「相応なもの」「致し方ないもの」も多くあっただろう。しかし今日においても、大規模な開発事業を強引に推し進めようとする権力者がいることを考えると、ヒトはじつに信用ならない存在だと感じる。

たとえば二〇二四年七月に報道された内容もそうだ。

政府は全国にある国立公園（三五カ所）に、高級リゾートホテルなどの宿泊施設を誘致する方針を示した（『朝日新聞』二〇二四年七月二〇日付）。この記事を目にした私は、幻滅した。増えつづける訪日客を地方へ誘客（分散）して観光公害を抑制することが狙いとはいえ、なぜ即物的な方針に短絡化するのか。旧態依然とした中央集権的な発想であることはともかく、経済的な観点に偏重した方針は、いかにも凡庸だ。二一世紀になって四半世紀が経つというのに、まだこんなメンタリティが行政に蔓延《はびこ》っているなんて恥ずかしい。

そう、ヒトはかけがえのない存在であり、油断ならない存在だ。とりわけカネや利権、威信に執着する「近視眼的な存在」は、下手をすると手の施しようがない。

よくよく考えると、どうだろう。

ヒトよりもカブトガニのほうが、よっぽど信用できるのではないか。

カブトガニは自然環境を損なうこともなく、静かに慎ましく生きている。しかも人類の誕生よりも、ずっと以前から地球上に生息している。カブトガニ類の祖先は約四億年前に出現し、約二億年前からカブトガニは形を変えず、現在に至っている（猿人は約七〇〇万年前に出現）。「生きている化石」と呼ばれるように、太古から地球上に存在しているという事実だけをもってても、カブトガニはヒトよりも信用できる。長らく地球上に生息しているということは、環境条件への耐性が高いことを意味するからだ。甲羅に覆われた体はスカスカのようでありながら、体内には代々生き延びてきた精巧な仕組みが秘められている。

利用価値という観点は生き物に失礼ながら、カブトガニは医薬においても貢献している。カブトガニの青色をした血液の成分には、体内に侵入した細菌をすばやく固めてしまう働きがある。抗エイズウイルス作用など、ヒトに有用な成分も数多く見つかっている。

ヒトは古くから地球上に存在する「先輩」から智慧を拝借する新参者にすぎない。誰しも頭では理解しているものの、そのことをあらためて認識しないと、ヒトは自然環境を損ないつづけるだけの「厄介者」に終始してしまう。

多くの生き物は、ヒトの尊大さに眉をひそめているに違いない。
カブトガニは、ヒトを諭すかのようだ。
必要以上に自分を大きく見せようとする必要などない。
スカスカくらいで丁度いい。
思慮深く、慎ましく暮らせ――と。

おわりに

海は万人に等しく開かれている。

海は飽きない。天候や海況、潮汐は刻々と変化し、その表情を変えていく。

潮の引いた磯をぽつぽつと歩く。濡れた岩場は、磯の香りをむっと放つ。潮だまり（タイドプール）を覗けば、小さな生き物がヒトの気配に驚いて、びゅんびゅんと逃げまどっては陰に身を潜める。広い海へ逃げられなくなった生き物を驚かせて申し訳ないと思いつつ、大きな潮だまりを見つけては「お邪魔します」と身体を湯船のように浸す。

潮だまりで仰向けになって一人で浮かんでいると、何もかもが洗い流されていくように感じる。疲れや憂鬱《ゆううつ》は、瞬時に洗われる。広い空の下、水に包まれる感触は、何ものにも代えがたい。

身体をくるりと回転させてうつ伏せになれば、生き物がいる。じっと動かずに観察していると、そろりそろりと小さなエビやカニ、小魚が岩陰から出てくる。イソギンチャクもいれば、カイメンの姿も見える。水に浸かっていると、生き物との一体感を強く感じる。生き物と心ゆくまで「対話」する時間は、かけがえのないものだ。

そんな平和な潮だまりであっても、実際には厳しい生存競争がある。

たとえば海でよく見かけるメジナは、いつもは群れになって暮らしている。しかし潮が引いて潮だまりに小さなメジナが取り残されると、一転する。たちまち仲間同士で激しいケンカがはじまるという（『磯魚の生態学』）。やがて「強い者」と「弱い者」の序列がつくられていく。強いメジナは、隠れやすい場所を縄張りにして占拠する。弱いメジナは、外敵に晒《さら》されやすい場所で身を潜めることになる。

潮だまりは、過酷な環境でもある。太陽が照りつけると、水温がぐんぐん上がっていく。海水が干上がるにつれて、限られた空間はさらに狭まっていく。多くの生き物がいることによって、海水に含まれる酸素もじりじりと減っていく。

しかし数時間もすれば、やがて潮は満ちてくる。

ひたひたと波が打ち寄せて、孤立していた潮だまりは広い海とつながる。するともと不思議なことに、いがみ合っていたメジナは争いや序列をすっかり忘れてしまう。何事もなかったかのように、また群れになって広い海へ泳ぎ出すという。

私たち人間も同じなのだろう。

ヒトがいがみ合い、諍《いさか》いが生じるのは、きっと「潮だまり」にいるからだ。潮だまりという限られた空間、逃げ場のない場所にいると、各々が有利なポジションを求めて利己的になる。学校の教室、会社内の部署、個々の家庭は、いわば潮だまりなのだろう。逃げ場のない中でヒトが集っていると、何かと不自由だ。息苦しいために、ついつい気配りや利他的な精神を忘れてしまう。ややもすると広い世界を忘れて、視野狭窄《しやきようさく》に陥ってしまう。場合によっては、さもしい行為が繰り広げられてしまう。

もしもつらい環境に置かれていたり、生きづらさを抱えているのなら、「潮だまりにいる」と認識したい。「逃げられない」「干上がってしまう」といった不安や恐怖心に駆られるものの、やがて潮は満ちてくる。潮時を掴めば、必ずや外海という広い世界へ漕ぎ出せる。

本書では一〇の生き物を綴った。

生き物には失礼ながら、いずれも「地味で一癖ある生き物」だ。

何かと厳しい競争に晒される社会において、変な生き物、小さな生き物を見つめる意義はどこにあるのだろうか。現実からの一時的な逃避なのだろうか。

いや、むしろ有用性ばかりが問われる社会だからこそ、小さな生き物を観察しつづけたいと私は思う。人間界もいわば潮だまりのようなものだ。人間同士が人間のことばかりを考えるから、広い世界を忘れてしまう。小さな生き物に見入ることは、小さな世界に逃げ込んでいるのではなく、生き物の持つ豊かさ、その広い世界を見つめていることに他ならない。ヒトはヒトから学ぶよりも、きっと自然や生き物から学ぶことのほうが多い。生き物の世界から人間界を見つめることによって、気づかされることは数多《あまた》ある。

海に浸かっていると、大きな肯定感に包まれる。

虚《うつ》ろな欲望が洗い流され、小さな生き物が出迎えてくれる。

海を見つめることは、よりよく生きようとする営みだ。

＊　＊

末筆ながら、各地でお世話になった皆さまに切なる謝辞を記したい。

本書の取材・執筆の過程では、多くの方々にお力添えをいただいた。申し合わせなく現地をふらりと訪れることも多かったものの、時間を割いて応じてくださった皆さまに、心からお礼を申し上げたい。水族館や博物館、漁や祭祀などにおいて貴重な話を聞かせてくださったおかげで、本書を成すことができた。

そして出版社のご縁をいただいた林口ユキさん、力強く濃《こま》やかに導いてくださった光文社新書編集部の草薙麻友子さんに、深く感謝の意を示したい。

清水浩史

二〇二四年一一月

カブトガニ

伊藤剛史・伊藤大吾『歴史の中のカブトガニ――古文書でたどるカブトガニ』伊藤富夫監修、サイエンスハウス、2009年
後藤隆之「『嫌われ者』を救った地元愛」『朝日新聞』2019年2月23日付（大阪夕刊）
駒崎秀樹「カブトガニ・保護地での危機　目を生息環境保全へ」『毎日新聞』1999年9月3日付（東京朝刊）
関口晃一『カブトガニの不思議』岩波書店、1991年
惣路紀通『カブトガニの謎――2億年前から形を変えず生き続けたわけ』誠文堂新光社、2015年
手島聡志「石だたみ」『長崎新聞』2019年9月22日付
道津保「カブトガニ　生態未知」『読売新聞』1994年10月29日付（大阪朝刊）
西井弘之『増補再版　カブトガニ事典』西井弘之、1975年
益田暢子・中村建太「訪日客1777万人 最多」『朝日新聞』2024年7月20日付（東京朝刊）
山本智之「お役に立ちます、生きた化石」『朝日新聞』2009年6月20日付（週末版be）

おわりに

奥野良之助『磯魚の生態学』創元社、1971年

中村拓朗（スイチャンネル）『プロダイバーのウニ駆除クエスト――環境保全に取り組んでわかった海の面白い話』KADOKAWA、2023年
本川達雄『ウニはすごい　バッタもすごい――デザインの生物学』中央公論新社、2017年

イシワケイソギンチャク

内田紘臣・楚山勇『イソギンチャクガイドブック』ティビーエス・ブリタニカ、2001年
椎名誠『全日本食えば食える図鑑』新潮社、2005年
ジョルジュ・バタイユ『太陽肛門』生田耕作訳、奢灞都館、1985年
ジョルジュ・バタイユ『太陽肛門』酒井健訳、景文館書店、2018年
檀一雄『王様と召使い――ユーモアエッセイ集』番町書房、1974年（柳川市立図書館所蔵）
檀一雄『美味放浪記』中央公論新社、2004年
中村周作『熊本　酒と肴の文化地理――文化を核とする地域おこしへの提言』熊本出版文化会館、2012年
「日本の食生活全集　千葉」編集委員会編『聞き書　千葉の食事』農山漁村文化協会、1989年
藤原昌高（ぼうずコンニャク）『美味しいマイナー魚介図鑑』マイナビ、2015年
柳研介「有明海のイソギンチャク」佐藤正典編『有明海の生きものたち――干潟・河口域の生物多様性』海游舎、2000年
柳研介『海の生きもの観察ノート6　イソギンチャクを観察しよう』千葉県立中央博物館分館海の博物館、2007年
山下欣二『海の味――異色の食習慣探訪』八坂書房、1998年

カイメン

椿玲未『カイメン――すてきなスカスカ』岩波書店、2021年

コバンザメ

秋道智彌『海人の民族学――サンゴ礁を超えて』日本放送出版協会、1988年
神坂次郎『縛られた巨人――南方熊楠の生涯』新潮社、1991年
下瀬環『沖縄さかな図鑑』沖縄タイムス社、2021年
平野威馬雄『くまぐす外伝』筑摩書房、1991年
ビル・フランソワ『はぐれイワシの打ち明け話――海の生き物たちのディープでクリエイティブな生態』河合隼雄訳、光文社、2021年
南方熊楠『南方熊楠全集2』平凡社、1971年
南方熊楠『南方熊楠日記1』八坂書房、1987年
ルードウィッヒ・デーデルライン「日本の動物相の研究――江ノ島と相模湾」『自然科学』No.4、磯野直秀訳、慶應義塾大学日吉紀要刊行委員会、1988年（国立国会図書館所蔵）
「『漁師もカメが好き』ウミガメ捕獲で意見交換・糸満市」『琉球新報』2000年12月15日付（朝刊）
「あっけないお別れ」『読売新聞』2011年8月16日付（大阪夕刊）

ホンソメワケベラ

幸田正典『魚にも自分がわかる――動物認知研究の最先端』筑摩書房、2021年
柴田勝重「掃除魚の振りで身守る知恵者」『朝日新聞』2017年11月3日付（静岡朝刊）
竹島水族館スタッフ編『へんなおさかな――竹島水族館の「魚歴書」』小林龍二監修、あさ出版、2018年
本川達雄『サンゴ礁の生物たち――共生と適応の生物学』中央公論社、1985年

ガンガゼ

斎藤孔成「原発近く　温暖化の姿か」『読売新聞』2023年8月9日付（福井朝刊）

のペア形成期」『月刊海洋』号外No.26、海洋出版、2001年（国立国会図書館所蔵）
斉藤知己「ドウケツエビ科の分類に関する研究の概説」『タクサ』第24号、日本動物分類学会、2008年（国立国会図書館所蔵）
J.D.サリンジャー「バナナフィッシュにうってつけの日」『ナイン・ストーリーズ』野崎孝訳、新潮社、1988年
竹内康浩・朴舜起『謎ときサリンジャー――「自殺」したのは誰なのか』新潮社、2021年

カクレウオ

一橋和義『ナマコは平気！　目・耳・脳がなくてもね！――5億年の生命力』さくら舎、2023年
川端康成『みずうみ』新潮社、1960年
ジョルジュ・バタイユ『呪われた部分――全般経済学試論・蕩尽』酒井健訳、筑摩書房、2018年
鈴木廣志・西村奈美子『琉球弧・海辺の生きもの図鑑』南方新社、2023年
ビクター・ベノ・マイヤーロホ『動物たちの奇行には理由がある――イグ・ノーベル賞受賞者の生物ふしぎエッセイ』江口英輔訳、技術評論社、2009年
山内年彦「奄美諸島のニセクロナマコの体腔に寄生するアマミカクレウオの寄生率」『動物学雑誌』82（4）、東京動物學會、1973年（国立国会図書館デジタルコレクション https://dl.ndl.go.jp/pid/10846339）
山内年彦「沖縄のニセクロナマコに寄生するアマミカクレウオの寄生率および食性」『動物学雑誌』83（4）、東京動物學會、1974年（国立国会図書館デジタルコレクション https://dl.ndl.go.jp/pid/10846556）
「一匹の真珠」『読売新聞』2004年10月12日付（東京夕刊）

【参考文献】

ゴマモンガラ

D・W・ウィニコット「一人でいられる能力」『完訳　成熟過程と促進的環境——情緒発達理論の研究』大矢泰士訳、岩崎学術出版社、2022 年

三木清『人生論ノート』新潮社、2011 年

オコゼ

家崎彰編『尾鷲・紀北の「山の神」——海山郷土資料館特別展』紀北町立海山郷土資料館、2018 年（海山郷土資料館所蔵）

尾鷲市編『尾鷲市史　上巻』尾鷲市、1969 年（尾鷲市立図書館所蔵）

唐澤太輔『南方熊楠——日本人の可能性の極限』中央公論新社、2015 年

塩見一雄・長島裕二『新・海洋動物の毒——フグからイソギンチャクまで』成山堂書店、2013 年

千葉徳爾『狩猟伝承』法政大学出版局、1975 年

林芙美子『放浪記』新潮社、2002 年

南方熊楠「山神オコゼ魚を好むということ」『南方熊楠文集 1』岩村忍編、平凡社、1979 年

柳田國男「山神とヲコゼ」『定本 柳田國男集 第 4 巻』筑摩書房、1968 年

矢野憲一『魚の民俗』雄山閣出版、1981 年

「オニダルマオコゼが道路に」『八重山毎日新聞』2015 年 8 月 9 日付（石垣市立図書館所蔵）

カイロウドウケツ

井伏鱒二「山椒魚」『井伏鱒二自選全集　第一巻』新潮社、1985 年

井伏鱒二『山椒魚』新潮社、2011 年

勝又浩『山椒魚の忍耐——井伏鱒二の文学』水声社、2018 年

斉藤知己「オウエンカイロウドウケツに共生するヒメドウケツエビ

写真撮影

清水浩史（著者）

撮影場所・協力（水族館・博物館）

遠野市立博物館
千葉県立中央博物館分館海の博物館
葛西臨海水族園
国立科学博物館
しながわ水族館
真鶴町立遠藤貝類博物館
竹島水族館
越前松島水族館
紀北町立海山郷土資料館
串本海中公園
すさみ町立エビとカニの水族館
京都大学白浜水族館
南方熊楠記念館
和歌山県立自然博物館
笠岡市立カブトガニ博物館
福山大学マリンバイオセンター水族館
マリホ水族館
伊万里湾カブトガニの館
かごしま水族館
国営沖縄記念公園（海洋博公園）・沖縄美ら海水族館
黒島研究所

清水浩史（しみずひろし）

1971年、大阪府生まれ。早稲田大学政治経済学部卒業。東京大学大学院法学政治学研究科修士課程修了、同大学院新領域創成科学研究科博士課程中退。テレビ局・広告代理店・出版社勤務などを経て、書籍編集者・ライターとして独立。大学在学中は早大水中クラブに所属し、NAUIダイビングインストラクター免許取得。以降も国内外の海や島への旅をつづけ、水中観察は30年来のライフワーク。著書に『秘島図鑑』『幻島図鑑』『楽園図鑑』『海の見える無人駅』（以上、河出書房新社）、『深夜航路』『海のプール』（以上、草思社）、『不思議な島旅』（朝日新聞出版）などがある。

海《うみ》の変《へん》な生《い》き物《もの》が教《おし》えてくれたこと

2024年12月30日初版1刷発行

著　者 ── 清水浩史
発行者 ── 三宅貴久
装　幀 ── アラン・チャン
印刷所 ── 萩原印刷
製本所 ── ナショナル製本
発行所 ── 株式会社光文社
東京都文京区音羽1-16-6（〒112-8011）
https://www.kobunsha.com/
電　話 ── 編集部03（5395）8289　書籍販売部03（5395）8116
制作部03（5395）8125
メール ── sinsyo@kobunsha.com

ISBN 978-4-334-10511-2

光文社新書

1327
人生は心の持ち方で変えられる？
〈自己啓発文化〉の深層を解く
真鍋厚

成長と成功を目指す「足し算型」に、頑張ることなく幸福を得ようとする「引き算型」。日本人は自己啓発に何を求めてきたか？「より良い人生を切り拓こうとする思想」の一六〇年を分析する。

978-4-334-10422-1

1328
遊牧民、はじめました。
モンゴル大草原の掟
相馬拓也

150㎞にも及ぶ遊牧、マイナス40℃の冬、家畜という懐事情を近所に曝け出しての生活――。モンゴル大草原に生きる遊牧民の暮らしを自ら体験した研究者が赤裸々に綴る遊牧奮闘記！

978-4-334-10423-8

1329
漫画のカリスマ
白土三平、つげ義春、吾妻ひでお、諸星大二郎
長山靖生

個性的な作品を描き続け、今も熱狂的なファンを持つ四人。後続の漫画家（志望者）たちを惹き付け、次世代の表現を形作ってきた。作品と生涯を通し昭和戦後からの精神史を読み解く。

978-4-334-10424-5

1330
ロジカル男飯
樋口直哉

ラーメン・豚丼・ステーキ・唐揚げ・握りずしなど、万人に好まれる料理を、極限までおいしくするレシピを追求！　料理に対する考えを一変させる、クリエイティブなレシピ集。

978-4-334-10425-2

1331
現代人のための
読書入門
本を読むとはどういうことか
印南敦史

「本が売れない」「読書人口の減少」といった文言が飛び交う現代社会。だが、いま目を向けるべきは別のところにあるのかもしれない――。人気の書評家が問いなおす「読書の原点」。

978-4-334-10444-3

1332
長寿期リスク
「元気高齢者」の未来
春日キスヨ

人生百年時代というが、長寿期在宅高齢者の生活は実は困難に満ちている。なぜ助けを求めないのか？ 今後増える超高齢夫婦二人暮らしの深刻な問題とは？ 長年の聞き取りを元に報告。

978-4-334-10445-0

1333
日本の指揮者とオーケストラ
小澤征爾とクラシック音楽地図
本間ひろむ

「指揮者のマジック」はどこから生まれるのか——。明治時代以降の黎明期から新世代の指揮者まで、それぞれの個性が炸裂する、指揮者とオーケストラの歩みと魅力に迫った一冊。

978-4-334-10446-7

1334
世界夜景紀行
丸田あつし
丸々もとお

夜景をめぐる果てしなき世界の旅へ——。世界114都市、602点収録。ヨーロッパから中東、南北アメリカ、アジア、アフリカまで。夜景写真&評論の第一人者が挑んだ珠玉の情景。

978-4-334-10447-4

1336
つくられる子どもの性差
「女脳」「男脳」は存在しない
森口佑介

男児は生まれつき落ち着きがない、女児は発達が早い——子どもの特徴の要因を性別に求めがちな大人の態度をデータで一刀両断。心理学・神経科学で「性差」の思い込みを解く。

978-4-334-10474-0

1337
ゴッホは星空に何を見たか
谷口義明

《ひまわり》や《自画像》などで知られるポスト印象派の画家・ゴッホ。彼は星空に何を見たのか？ どんな星空が好きだったのか？ 天文学者がゴッホの絵に隠された謎を多角的に検証。

978-4-334-10475-7

1338
全天オーロラ日誌
田中雅美

カナダでの20年以上の撮影の記録を収め、同じ場所からの撮影や一度きりの場所まで、思い立った場所での撮影日誌。第一人者が追い求めた、季節ごとに表情を変えるオーロラの神秘。

978-4-334-10476-4

1339
哲学古典授業 ミル『自由論』の歩き方
児玉聡

なぜ個人の自由を守ることが社会にとって大切なのか？　この問いに答えた『自由論』は現代にこそ読むべき名著。京大哲学講義をベースに同書をわかりやすく解く「古典の歩き方」新書。

978-4-334-10508-2

1340
グローバルサウスの時代
多重化する国際政治
脇祐三

米中のどちらにも与《くみ》せず、機を見て自国の利益最大化を図る。インドや中東、アフリカ諸国の振る舞いからグローバルサウスの思考体系と行動原理を知り、これからの国際情勢を考える。

978-4-334-10509-9

1341
映画で読み解く イギリスの名門校《パブリック・スクール》
エリートを育てる思想・教育・マナー
秦由美子

世界中から入学希望者が殺到する「ザ・ナイン」とは何なのか。エリートを輩出し続けるパブリック・スクールの実像を、「ハリー・ポッター」シリーズをはじめ7つの映画から探る。

978-4-334-10510-5

1342
海の変な生き物が教えてくれたこと
清水浩史

外見なんて気にするな、内面さえも気にするな！　水中観察30年の海と島の達人が、「地味で一癖ある」「厄介者」なのになぜか惹《ひ》かれる10の生き物を厳選、カラー写真とともに紹介する。

978-4-334-10511-2